上海市工程建设规范

绿色建筑工程验收标准

Standard for acceptance of green building construction

DG/TJ 08—2246—2023
J 14029—2024

主编单位：上海市建筑科学研究院有限公司
　　　　　中建研科技股份有限公司上海分公司
　　　　　上海市建设工程安全质量监督总站
批准部门：上海市住房和城乡建设管理委员会
施行日期：2024 年 6 月 1 日

U0347471

同济大学出版社

2024　上海

图书在版编目(CIP)数据

绿色建筑工程验收标准 / 上海市建筑科学研究院有限公司,中建研科技股份有限公司上海分公司,上海市建设工程安全质量监督总站主编. —上海:同济大学出版社,2024.6
ISBN 978-7-5765-1147-5

Ⅰ.①绿… Ⅱ.①上… ②中… ③上… Ⅲ.①生态建筑-建筑施工-工程验收-标准-上海 Ⅳ.
①TU712.5-65

中国国家版本馆 CIP 数据核字(2024)第 089588 号

绿色建筑工程验收标准

上海市建筑科学研究院有限公司
中建研科技股份有限公司上海分公司　主编
上海市建设工程安全质量监督总站

责任编辑　朱　勇
责任校对　徐春莲
封面设计　陈益平

出版发行　同济大学出版社　　www. tongjipress.com.cn
　　　　　(地址:上海市四平路 1239 号　邮编:200092　电话:021-65985622)

经　　销　全国各地新华书店
印　　刷　浦江求真印务有限公司
开　　本　889mm×1194mm　1/32
印　　张　4.5
字　　数　113 000
版　　次　2024 年 6 月第 1 版
印　　次　2024 年 6 月第 1 次印刷
书　　号　ISBN 978-7-5765-1147-5
定　　价　50.00 元

上海市住房和城乡建设管理委员会文件

沪建标定〔2023〕623 号

上海市住房和城乡建设管理委员会关于
批准《绿色建筑工程验收标准》为
上海市工程建设规范的通知

各有关单位：

由上海市建筑科学研究院有限公司、中建研科技股份有限公司上海分公司、上海市建设工程安全质量监督总站主编的《绿色建筑工程验收标准》，经我委审核，现批准为上海市工程建设规范，统一编号为 DG/TJ 08—2246—2023，自 2024 年 6 月 1 日起实施。原《绿色建筑工程验收标准》DG/TJ 08—2246—2017 同时废止。

本标准由上海市住房和城乡建设管理委员会负责管理，上海市建筑科学研究院有限公司负责解释。

上海市住房和城乡建设管理委员会

2023 年 11 月 27 日

前　言

根据上海市住房和城乡建设管理委员会《关于印发〈2021年上海市工程建设规范、建筑标准设计编制计划的通知〉》(沪建标定〔2020〕771号)要求,本标准由上海市建筑科学研究院有限公司、中建研科技股份有限公司上海分公司、上海市建设工程安全质量监督总站组织会同相关单位,在《绿色建筑工程验收标准》DG/TJ 08—2246—2017的基础上修订而成。

本标准的主要内容有:总则;术语;基本规定;地基基础与主体结构工程;建筑与装饰装修工程;给水排水工程;供暖通风与空调工程;建筑电气工程;智能建筑工程;可再生能源工程;室内环境工程;室外总体工程;绿色建筑单位工程验收;附录A～E。

本次修订的主要内容有:

1. 将绿色建筑工程验收定位于单位工程验收,并在充分衔接现行国家标准《建筑工程施工质量验收统一标准》GB 50300的框架体系的基础上,明确了绿色建筑单位工程下九大分部工程。

2. 衔接了现有国家和上海市建筑工程验收相关要求,进一步明确了九大分部工程下各分项工程。

3. 结合绿色建筑相关标准的变化情况,明确了上海市绿色建筑工程验收的主要内容、检验方法和检验数量。

4. 修改了附录检验批、分项工程、分部工程和单位工程验收表,提升了操作性。

各单位及相关人员在执行本标准过程中,如有意见和建议,请反馈至上海市住房和城乡建设管理委员会(地址:上海市大沽路100号;邮编:200003;E-mail:shjsbzgl@163.com),上海市建筑科学研究院有限公司(地址:上海市宛平南路75号;邮编:

200032;E-mail:rd@sribs.com.cn),上海市建筑建材业市场管理总站(地址:上海市小木桥路683号;邮编:200032,E-mail:shgcbz@163.com),以供今后修订时参考。

主　编　单　位:上海市建筑科学研究院有限公司
　　　　　　　　中建研科技股份有限公司上海分公司
　　　　　　　　上海市建设工程安全质量监督总站
参　编　单　位:上海市绿色建筑协会
　　　　　　　　同济大学建筑设计研究院(集团)有限公司
　　　　　　　　上海建工集团股份有限公司
　　　　　　　　上海建科工程咨询有限公司
　　　　　　　　上海建科检验有限公司
　　　　　　　　建学建筑与工程设计所有限公司
主要起草人:韩继红　廖　琳　景小峰　葛　斌　杨建荣
　　　　　　安　宇　陈卫伟　王莉锋　徐　超　范宏武
　　　　　　车学娅　张　颖　邵　怡　张文宇　谢文黎
　　　　　　何晓燕　徐佳彦　周红波　张　俊　王小安
　　　　　　姚　浩　高月霞　沈文昊　高海军　朱　强
　　　　　　陈　娴　乔正珺　姚　璐　高　怡　李芳艳
　　　　　　刘妍炯　李　鹤　王　颖
审　查　专　家:古小英　沈育祥　邓明胜　叶耀东　黄秋平
　　　　　　　　曹毅然　翟晓强

上海市建筑建材业市场管理总站

目　次

Contents

1　总　则

1.0.1　为统一本市绿色建筑工程验收要求,保证绿色建筑工程质量,制定本标准。

1.0.2　本标准适用于新建民用绿色建筑工程验收,扩建、改建项目在技术条件相同时也可适用。

1.0.3　绿色建筑工程验收应与建筑工程质量验收同步实施。

1.0.4　绿色建筑工程验收除应符合本标准外,尚应符合国家、行业和本市现行有关标准的规定。

2 术 语

2.0.1 绿色建筑工程验收 acceptance of green building construction

由建设单位组织,绿色建筑工程参建各方共同对地基基础与主体结构工程、建筑与装饰装修工程、给水排水工程、供暖通风与空调工程、建筑电气工程、智能建筑工程、可再生能源工程、室内环境工程和室外总体工程进行设计符合性判定的活动。

2.0.2 主控项目 dominant item

与绿色建筑设计标准强制性条文、绿色建筑评价标准控制性要求相对应,对建筑绿色性能起决定性作用的验收项目,所有主控项目必须合格。

2.0.3 一般项目 general item

对照绿色建筑设计文件,与绿色建筑评价标准评分项和加分项相对应,除主控项目以外的验收项目。

2.0.4 核查 check

对技术资料的检查及资料与实物的核对。包括对技术资料的完整性、内容的正确性、与其他相关资料的一致性及整理归档情况的检查,以及将技术资料中的技术参数等与相应的材料、构造、设备或产品实物进行核对。

3 基本规定

3.0.1 绿色建筑工程应根据审查通过的施工图设计及设计变更文件进行验收,验收项目分为主控项目和一般项目。主控项目应全部进行验收,一般项目依据具体项目的绿色建筑设计文件确定纳入验收范围的具体内容。主控项目和纳入验收范围的一般项目的验收结论全部合格,方视为绿色建筑工程项目验收通过。

3.0.2 建设单位应在施工前组织参建各方针对绿色建筑设计、验收等相关内容进行交底;施工单位应在施工组织设计中纳入绿色建筑要求,施工组织设计经工程监理单位或建设单位审查合格后实施。

3.0.3 绿色建筑工程验收应核对其设计变更情况,绿色建筑工程的设计变更不得降低绿色建筑的目标等级。对涉及建筑绿色性能变更的,应经过原审查机构审查通过。

3.0.4 绿色建筑工程作为一个单位工程,应按表 3.0.4 划分分部工程、分项工程和检验批,并符合下列规定:

  1 检验批的划分可根据绿色建筑各分部验收的需要,分别按工程量、楼层、施工段、系统、管网进行划分。施工前,应由施工单位制定分项工程和检验批的划分方案,并由监理单位审核。

  2 绿色建筑分部工程、分项工程和检验批的验收应单独填写验收记录,验收资料应单独组卷。

  3 验收项目、验收内容、验收标准和验收记录均应符合本标准的规定。

表 3.0.4　绿色建筑分部工程、分项工程划分

序号	分部工程	分项工程	主要验收内容
1	地基基础与主体结构	1　地基基础 2　主体结构	材料、施工质量、工业化建造
2	建筑与装饰装修	1　围护结构 2　装饰装修	外墙、门窗(幕墙)、屋顶、地面、墙面、顶棚、通行空间、出入口、防水材料、防火材料、装饰装修材料、清水混凝土
3	给水排水	1　给排水系统 2　生活热水系统 3　节水设备与部品部件 4　非传统水源利用 5　监测与计量	水质、管网系统、节水设备、部品部件、非传统水、用水计量
4	供暖通风与空调	1　热源系统与冷源系统 2　室内外管网 3　空调通风系统	空调系统设备与管道、空调冷热水管网、送风及排风系统
5	建筑电气	1　配电系统 2　照明系统	配电设备、电线电缆、照明光源、灯具及其附属装置、电梯
6	智能建筑	1　建筑设备监控系统 2　室内空气质量监控系统 3　能源管理系统 4　水质在线监测系统 5　信息网络系统 6　智慧建筑综合服务平台	计量装置、传感器、执行器、控制器、数据采集器、网络交换设备等主要设备及线缆、各类弱电系统及平台
7	可再生能源	1　太阳能热水系统 2　太阳能光伏系统 3　地源热泵系统	进场验收要求、进场复验要求、系统安装统一要求、系统调适要求、检测计量要求、对周边环境影响控制、系统安全运行要求、噪声控制、标识要求
8	室内环境	1　声环境 2　光环境 3　热湿环境 4　通风与空气质量	围护结构隔声、室内噪声级、照明质量、室内温湿度及新风量、污染物浓度、视野、自然采光、眩光控制、自然通风
9	室外总体	1　场地安全及污染源控制 2　交通与公共服务设施 3　室外声、光、热环境 4　场地生态措施	污染源控制、垃圾站点、无障碍设施、标识系统、室外场地、停车场所、人车分流、绿化、海绵设施、服务配套

4 地基基础与主体结构工程

4.1 一般规定

4.1.1 结构工程应对下列项目进行验收：

    1 地基基础。

    2 主体结构。

4.1.2 地基基础工程质量验收应符合现行国家标准《建筑地基基础工程施工质量验收标准》GB 50202 及本市现行有关标准的规定。

4.1.3 主体结构工程质量验收应符合下列规定：

    1 混凝土结构工程质量验收应符合现行国家标准《混凝土结构通用规范》GB 55008、《混凝土结构工程施工质量验收规范》GB 50204 及本市现行有关标准的规定。装配式混凝土结构工程质量验收还应符合现行国家标准《装配式混凝土结构建筑技术标准》GB/T 51231 的规定。

    2 钢结构工程质量验收应符合现行国家标准《钢结构通用规范》GB 55006、《钢结构工程施工质量验收标准》GB 50205 及本市现行有关标准的规定。装配式钢结构工程质量验收还应符合现行国家标准《装配式钢结构建筑技术标准》GB/T 51232 的规定。

    3 木结构工程质量验收应符合现行国家标准《木结构通用规范》GB 55005、《木结构工程施工质量验收规范》GB 50206 及本市现行有关标准的规定。装配式木结构工程质量验收还应符合现行国家标准《装配式木结构建筑技术标准》GB/T 51233 的规定。

4 砌体结构工程质量验收应符合现行国家标准《砌体结构工程施工质量验收规范》GB 50203、《砌体结构通用规范》GB 55007 及本市现行有关标准的规定。

5 混合结构工程质量应根据验收部位的结构形式按相应的国家现行标准进行验收。

4.2 主控项目

4.2.1 地基与基础的承载力应符合设计要求。

检验方法:查阅设计文件、施工方案、施工记录、进货台账等。

检验数量:全数检查。

4.2.2 500 km 以内生产的地基基础材料重量占地基基础材料总重量的比例应大于 70%。

检验方法:查阅设计文件、产品证明文件(采购合同、材料出厂合格证等)、材料进场验收记录、材料复试报告、距离施工现场 500 km 以内生产的地基基础材料重量占地基基础材料总重量的比例计算书,检查地基基础材料的使用情况。

检验数量:全数检查。

4.2.3 主体结构的承载力应符合设计要求。

检验方法:查阅设计文件、结构验收记录、相关检测报告,检查检修和维护条件。

检验数量:全数检查。

4.2.4 主体结构的形体和布置应符合设计要求。

检验方法:查阅设计文件、结构施工记录和验收记录、测量复核记录、建筑形体规则性判定报告。

检验数量:全数检查。

4.2.5 500 km 以内生产的主体结构材料重量占主体结构材料总重量的比例应大于 70%。

检验方法:查阅设计文件、主体结构材料清单、产品证明文件、材料进场验收记录、材料复试报告、距离施工现场 500 km 以内生产的主体结构材料重量占主体结构材料总重量的比例计算书,检查主体结构材料的使用情况。

检验数量:全数检查。

4.3 一般项目

4.3.1 地基基础材料及构件的耐久性应符合设计要求。

检验方法:查阅设计文件、材料及构件进场记录、合格证、检测报告、隐蔽验收记录、材料及构件清单,检查材料及构件的使用情况。

检验数量:全数检查。

4.3.2 地基基础高强材料与构件的选用应符合设计要求。

检验方法:查阅设计文件、施工记录、材料及构件清单、各类材料及构件用量比例计算书,检查各类材料及构件的使用情况。

检验数量:全数检查。

4.3.3 地基基础可再循环材料、可再利用材料及利废建材的使用部位、用量及性能应符合设计要求。

检验方法:查阅工程材料清单、各种建筑材料的使用部位及使用量、各类材料用量比例计算书、产品检测报告、利废建材中废弃物掺量说明及证明材料。

检验数量:全数检查。

4.3.4 地基基础绿色建材的使用应符合设计要求。

检验方法:查阅设计文件、计算分析报告、检测报告、工程材料清单、绿色建材标识证书及施工记录。

检验数量:全数检查。

4.3.5 主体结构采用基于性能的抗震设计并合理提高建筑的抗震性能,抗震设防和抗震施工质量应符合设计要求。

检验方法:查阅设计文件、结构计算文件、项目安全分析报告及应对措施结果。

检验数量：全数检查。

4.3.6 主体结构采用的建筑材料应符合下列耐久性要求：

1 主体结构采用混凝土结构的，钢筋保护层厚度应符合设计要求，高耐久混凝土材料的使用应符合设计要求。

2 主体结构采用钢结构的，耐候结构钢的使用应符合设计要求，耐候性防腐涂料的使用应符合设计要求。

3 主体结构采用木结构的，防腐木材、耐久木材及耐久木制品的使用应符合设计要求。

检验方法：查阅设计文件、材料进场记录、合格证、检测报告、隐蔽验收记录、材料用量清单，检查材料的使用情况。

检验数量：全数检查。

4.3.7 主体结构材料与构件应符合下列规定：

1 高强钢筋、高强混凝土的使用应符合设计要求。

2 高强钢材用量、钢结构构件连接方式、施工免支撑楼屋面板的使用应符合设计要求。

3 混合结构的混凝土结构部分、钢结构部分应分别符合本条第 1 款和第 2 款的规定。

检验方法：查阅设计文件、施工记录、工程材料清单、各类材料用量比例计算书，检查各类材料的使用情况。

检验数量：全数检查。

4.3.8 主体结构可再循环材料、可再利用材料及利废建材的使用部位、用量及性能应符合设计要求。

检验方法：查阅工程材料清单、各种建筑材料的使用部位及使用量、各类材料用量比例计算书、产品检测报告、利废建材中废弃物掺量说明及证明材料。

检验数量：全数检查。

4.3.9 主体结构绿色建材的使用应符合设计要求。

检验方法：查阅设计文件、计算分析报告、检测报告、工程材料清单、绿色建材证明材料、施工记录。

检验数量:全数检查。

4.3.10 主体结构的工业化建造应符合下列规定:

1 主体结构采用钢结构、木结构的,钢结构、木结构的使用比例和部位应符合设计要求。

2 主体结构采用装配式混凝土结构的,预制混凝土构件的使用比例和部位应符合设计要求。

检验方法:查阅设计文件、预制构件的购销合同、预制率计算书,核查现场使用情况。

检验数量:全数检查。

4.3.11 改扩建结构中的原结构构件及改扩建过程中产生的可再利用结构材料的使用应符合设计要求。

检验方法:查阅设计文件、施工方案、施工记录、原建筑结构构件及可再利用结构材料使用统计表,检查原建筑结构构件及可再利用结构材料的使用情况。

检验数量:全数检查。

5 建筑与装饰装修工程

5.1 一般规定

5.1.1 建筑装饰装修应对下列项目进行验收：

1 围护结构工程。

2 装饰装修工程。

5.1.2 围护结构节能工程质量验收应符合现行国家标准《建筑节能工程施工质量验收标准》GB 50411 和现行上海市工程建设规范《建筑节能工程施工质量验收标准》DGJ 08—113 的相关规定。

5.1.3 装饰装修工程验收除应符合现行国家标准《建筑工程施工质量验收统一标准》GB 50300 外，还应符合现行国家标准《屋面工程质量验收规范》GB 50207、《地下防水工程验收规范》GB 50208、《建筑装饰装修工程质量验收标准》GB 50210、现行行业标准《住宅室内装饰装修工程质量验收规范》JGJ/T 304 和现行上海市工程建设规范《住宅工程套内质量验收规范》DG/TJ 08—2062 的相关规定。

5.1.4 建筑幕墙工程验收应符合现行上海市工程建设规范《建筑幕墙工程技术标准》DG/TJ 08—56 的相关规定。

5.1.5 建筑门窗工程验收应符合现行上海市工程建设规范《民用建筑外窗应用技术标准》DG/TJ 08—2242 的相关规定。

5.1.6 建筑防护栏杆应符合现行行业标准《建筑防护栏杆技术标准》JGJ/T 470 的相关规定。

5.1.7 建筑装饰装修工程所用材料应符合环境污染物控制设计要求和现行国家标准《民用建筑工程室内环境污染控制标准》GB

50325、《建筑内部装修设计防火规范》GB 50222 的相关规定。

5.2 主控项目

5.2.1 屋顶太阳能设施构件、机电设备设施构件、屋顶绿化设施应符合绿色建筑设计要求。

检验方法:对照建筑设计图纸,核查太阳能设施、机电设备设施构件与屋顶结构一体化是否施工到位,设施基础泛水措施是否施工到位。核查太阳能设施、屋顶绿化等专项施工质量验收记录。

检验数量:3 栋及以下数量的建筑全数检查,4 栋~10 栋建筑不应少于总栋数的 50%,10 栋以上建筑不应少于总栋数的 30%。

5.2.2 外墙太阳能设施构件、空调室外机架或平台、外墙垂直绿化设施应符合绿色建筑设计要求。

检验方法:对照建筑、结构设计图纸,核查太阳能设施、空调室外机架、外墙垂直绿化与墙体主结构一体化是否施工到位,构件与墙体连接部位及预留孔洞是否有防水封堵措施。核查太阳能设施、空调室外机架、外墙垂直绿化等专项施工质量验收记录。

检验数量:3 栋及以下数量的建筑全数检查,4 栋~10 栋建筑不应少于总栋数的 50%,10 栋以上建筑不应少于总栋数的 30%。

5.2.3 卫生间、浴室的地面、墙面、顶棚防水设计应符合建筑设计要求,住宅室内防水工程不得使用溶剂型防水涂料。

检验方法:核查建筑设计的防水设计说明及图纸,核查室内防水工程质量验收资料,检查防水材料复验及现场抽样记录。

检验数量:全数检查。

5.2.4 走廊、疏散通道等通行空间净宽应满足建筑设计要求。

检验方法:观察和尺量检查。

检验数量:全数检查。

5.2.5 外门窗气密性、水密性、隔声性能应符合建筑设计要求。

检验方法:在施工现场对预安装的外窗抽样,送到实验室对外窗进行气密性、水密性、隔声性能等实体检验,检验结果应符合设计要求;现场随机抽样检验,按照现行国家标准《建筑外门窗气密性、水密性、抗风压性能检测方法》GB/T 7106 规定执行。

检验数量:同一厂家的同一类型、同一品种、同一系列的产品各抽样不少于 3 樘。

5.2.6 建筑幕墙抗风压、水密性应符合建筑设计要求,并应提交下列资料:

1 建筑幕墙抗风压、水密性检测报告。

2 现场淋水、盛水试验记录。

检验方法:对照建筑设计图纸、幕墙设计图纸,核查建筑幕墙气密性、水密性检测报告,核查现场淋水、盛水试验记录。

检验数量:全数检查。

5.2.7 建筑装饰构件比例应符合设计要求。

检验方法:对照建筑设计图纸,核查女儿墙高度、装饰构件设置情况,对比建筑装饰构件造价比例计算书。

检验数量:全数检查。

5.3 一般项目

5.3.1 中庭、阳台、楼梯、窗台、上人屋面等各类临空防护栏杆的材料和配件、栏杆高度、杆件净距、扶手尺寸及位置、防护栏杆与主体结构的连接、构件之间的连接等应符合设计要求,并应符合下列规定:

1 材料及配件应有合格证书、性能检验报告、材料进场验收记录和复验报告。

2 预埋件、锚固件的数量、位置应有隐蔽工程验收记录。

3 立柱锚固位置抗拔力或抗剪力应有现场检测报告。

4 应有防腐处理措施验收记录。

检验方法:对照建筑设计图纸,观察和尺量检查。核查建筑防护栏杆工程专业质量验收资料。

检验数量:全数检查。

5.3.2 建筑物出入口防坠落的构件设施应符合建筑设计要求。

检验方法:对照建筑图纸核实相关防坠落措施有否施工到位,核查雨篷、挑棚、遮阳等构件材料及配件进场复验和抽检资料、隐蔽工程验收记录。

检验数量:全数检查。

5.3.3 外墙外保温工程应采取防坠落措施,并应符合设计要求,且应符合下列规定:

1 应有系统及组成材料的型式检验报告。

2 应有保温层与基层墙体拉伸粘结强度现场检验报告。

3 应有基层墙体锚栓抗拉拔承载力现场检验报告。

检验方法:核查系统组成材料的产品合格证、出厂检验报告等质量证明文件,核查有效期内的型式检验报告和现场检验报告,核查锚栓锚固深度等隐蔽工程验收记录。

检验数量:全数检查。

5.3.4 建筑门窗、隔断等采用的具有安全防护功能的玻璃应符合设计要求。

检验方法:核查建筑设计图纸对玻璃材质的要求及应用部位,观察具有安全防护功能玻璃的标志标识,核查各类防护玻璃材料的型式检验报告、进场复验和抽验资料。

检验数量:全数检查。

5.3.5 具备防夹功能的门窗配件应符合设计要求。

检验方法:核查建筑设计图纸对防夹装置的要求、名称类型及安装位置,核查门窗专项设计图纸落实情况,现场观察具有防夹装置门窗的标志标识,核查防夹装置的产品型式检验报告、进场复验和抽验资料。

检验数量:全数检查。

5.3.6 室内外地面防滑面层材料的品种、规格、级别等防滑性能要求应符合设计要求。

检验方法:对照设计图纸的要求,检查建筑室内外防滑设计施工落实情况;依据现行行业标准《建筑地面防滑技术规程》JGJ/T 331 的要求,核查防滑产品合格证和检验报告、进场复验报告,核查防滑工程关键部位防滑性能现场检测报告及验收资料。

检验数量:全数检查。

5.3.7 防水材料、防火涂料、装饰装修材料有害物质限量指标应符合设计要求。

检验方法:核查各类材料产品合格证书、型式检验报告、有害物质限量指标及现场抽样检查记录。

检验数量:全数检查。

5.3.8 清水混凝土工程所用材料应符合设计要求,并应符合现行行业标准《清水混凝土应用技术规程》JGJ 169 的验收规定。

检验方法:观察和尺量检查,核查清水混凝土的模板、钢筋、混凝土的验收记录和资料。

检验数量:全数检查。

6 给水排水工程

6.1 一般规定

6.1.1 给水排水应对下列项目进行验收：
1 给排水系统。
2 生活热水系统。
3 节水设备与部品部件。
4 非传统水源利用。
5 监测与计量。

6.1.2 给水排水工程验收的检验批应按系统、区域、施工段或楼层等进行划分，分项工程应划分成若干个检验批进行验收。

6.1.3 设备材料、管道、阀门、仪表及绝热和保温材料，应按设计要求对其类别、材质、规格、外观、标识、耐久性和节能指标等进行核查，应符合设计要求和现行相关标准的规定，并形成文字和图像相应记录。

6.2 主控项目

6.2.1 二次供水系统的水池、水箱的超高水位联动自动关闭进水阀门装置应符合设计要求。

　　检验方法：对照给排水设计图纸，核查系统装置安装和联动情况。

　　检验数量：全数检查。

6.2.2 给水排水、非传统水系统的管道和附属设施的显著位置应设置明显、清晰、连续的永久性标识，并应符合现行国家标准

《建筑给水排水与节水通用规范》GB 55020 的相关规定,应采取措施防止误接、误用、误饮。

检验方法:对照给排水施工图纸,核查标识及防止误接误用措施的实施情况。

检验数量:按系统检查不少于 10%,且不少于 5 处。

6.2.3 给水排水系统的水质应符合下列规定:

1 生活饮用水水质应满足现行国家标准《生活饮用水卫生标准》GB 5749 的要求。

2 直饮水、集中生活热水、游泳池水、采暖空调系统用水、景观水体、非传统水源的水质应符合国家现行有关标准的要求。

检验方法:对照给排水施工图纸和系统水质要求,核查各类用水调试完成后的水质检测报告、水处理设施出水及最不利用水点的全部常规指标,现场核查水质检测取样点位置和数量。

检验数量:

1 生活饮用水、直饮水水质检验数量:生活饮用水水质检测指标可采纳自来水公司定期公布的报告。管道直饮水系统水质检测在供水主管设 1 个采样点,分散式直饮水设备可采纳设备质量验收记录。

2 集中生活热水水质检验数量:用户用水端点数不足 500 个时,应设 2 个采样点;500 个～2 000 个时,每 500 个增加 1 个采样点;大于 2 000 个时,每增加 1 000 个增加 1 个采样点。

3 游泳池水水质检验数量:全数检测。

4 采暖空调系统用水、景观水体、非传统水源的水质检验数量:应按系统总数抽检 10%,且不得少于 1 个系统。

6.2.4 建筑用水计量应符合下列规定:

1 按付费或管理单元,分别设置用水计量装置,统计用水量。

2 采用非传统水源给水的管路分别设置用水计量装置。

3 水表装设位置和远传水表应符合设计要求。

检验方法:对照设计文件及相关水表图纸资料,现场核查水表位置。

检验数量:按照计量装置总数抽查不少于5%,且不少于1组。

6.2.5 用水点处水压大于0.2 MPa的配水支管应设置减压设施,并应满足给水配件最低工作压力的要求。当因建筑功能需要选用特殊水压要求的用水器具时,应符合国家现行有关标准的节水、节能规定。

检验方法:对照给排水系统图纸,核查各层用水点用水压力计算表及试压报告。

检验数量:全数检查。

6.2.6 节水器具及配件应符合下列规定:

1 水效等级不应低于2级。

2 便器构造内应自带整体存水弯,且水封深度不小于50 mm。

检验方法:对照给排水专业设计图纸、节水器具相关说明、材料清单(表),核查节水器具质量证明文件和性能检测报告、用水器具采购合同;现场核查卫生器具和设备的安装情况。

检验数量:按照各类总数不少于5%抽查。

6.2.7 公共浴室采用用者付费的设施或带有无人自动关闭装置的淋浴器应符合设计要求。

检验方法:核查淋浴器设备性能说明书、采购合同,并现场核查设备安装和设置情况。

检验数量:按照计量装置总数抽查不少于10%,且不少于1组。

6.2.8 室外非亲水性水景补水系统应采用非传统水源,进入景观水体的雨水应采取控制面源污染的措施或利用水生动、植物进行水体净化。

检验方法:对照雨水收集利用系统相关图纸,现场核查雨水机房及用水点的管路连接情况、景观用水水源和补水方式。

检验数量:按系统抽查不少于 10％,且不少于 5 处;如果不足 5 处,全数检查。

6.2.9 室外明露等区域和公共部位有可能冰冻的给水、消防管道应有防冻措施。

检验方法:对照给水、消防等系统设计图纸和施工影像资料,核查楼梯、坡道、车库等部位的管道阀门设备的防冻保温措施。

检验数量:全数检查。

6.3 一般项目

6.3.1 二次供水系统应采用符合国家现行有关标准要求的成品水箱,且应有保证储水不变质的措施。

检验方法:对照给排水施工图纸,核查二次供水水箱采购清单及进场记录、产品说明书,以及保证水质的措施落实情况。

检验数量:全数检查。

6.3.2 水泵应符合下列规定:

1 水泵效率不应小于现行国家标准《清水离心泵能效限定值及节能评价值》GB 19762 规定的节能评价值。

2 水泵噪声级和振动级别不应小于现行国家标准《泵的噪声测量与评价方法》GB/T 29529 规定的 B 级,振动级别不应小于现行国家标准《泵的振动测量与评价方法》GB/T 29531 规定的 B 级。

3 水泵房应采取防噪、减振措施。

检验方法:对照给排水施工图纸及水泵产品质量证明文件和性能检测报告,现场核查水泵及系统安装情况。

检验数量:按水泵总数抽查不少于 5％,且不少于 5 个;如果少于 5 个,全数检查。

6.3.3 循环冷却水系统应合理采用节水技术。冷却塔的飘水率、冷却能力、耗电比应符合现行国家标准《节水型产品通用技术条件》GB/T 18870 的规定。循环冷却水系统设计应符合现行国家标准《建筑给水排水设计标准》GB 50015、《工业循环冷却水处理设计规范》GB/T 50050、《工业循环水冷却设计规范》GB/T 50102 等的规定。

检验方法:核查冷却水系统设备产品质量证明文件和性能检测报告;现场核查水处理装置、补水计量水表以及大容量集水盘、平衡管或平衡水箱的设置情况。

检验数量:全数检查。

6.3.4 同层排水、新型降噪排水管的设置应符合设计要求。其中,住宅卫生器具采用同层排水,应符合下列规定:

1 地漏的构造和性能应符合现行行业标准《地漏》CJ/T 186 的要求,水封深度不应小于 50 mm,且应设在地面的最低处。

2 器具排水横支管布置和设置标高不得造成排水滞留、地漏冒溢。

3 埋设于填层中的管道不应采用橡胶圈密封接口。

检验方法:对照给排水施工图纸,核查同层排水隐蔽工程检查验收记录、新型降噪排水管质量证明文件。

检验数量:按总数的 10% 抽查,且不少于 5 个;如果少于 5 个,全数检查。

6.3.5 绿化节水灌溉系统应符合设计要求,系统管材、管道附件、喷头和传感器等的选取和施工应符合设计要求。

检验方法:对照绿化灌溉相关图纸,核查喷头、管材、管道附件和传感器等产品采购合同、产品性能检测报告,现场观察检查绿化灌溉系统的安装情况及利用范围。

检验数量:全数检查。

6.3.6 雨水、中水等非传统水源的设备、利用方式、处理工艺和消毒技术等应符合设计要求。

检验方法:核查非传统水源利用方案、设计图纸和非传统水源利用率计算书。对于利用自建雨水、中水处理系统的项目,核查建筑雨水、中水处理系统设施产品质量证明文件和性能检测报告;现场观察检查雨水、中水管网接入关系和用水去向、处理设施的安装情况。

检验数量:全数检查。

7 供暖通风与空调工程

7.1 一般规定

7.1.1 供暖通风与空调工程应对下列项目进行验收:

1 热源系统与冷源系统。

2 室内外管网。

3 空调通风系统。

7.1.2 供暖通风与空调系统冷、热源设备、辅助设备及其管道和管网系统节能工程的验收,可按冷源系统、热源系统和室内外管网、空调通风系统进行检验批划分。

7.1.3 供暖通风与空调工程的施工验收应符合本标准和现行国家标准《建筑节能与可再生能源利用通用规范》GB 55015、《通风与空调工程施工质量验收规范》GB 50243 的有关规定;工程中采用的技术文件、合同约定内容等,对工程施工质量的要求不得低于本标准的规定。

7.2 主控项目

7.2.1 供暖通风与空调工程中采用的冷源、热源设备,应按照设计要求对其类型、规格、外观进行检查验收,设备的质量证明文件和相关技术资料应齐全,并应符合现行国家和上海地方有关标准和规定。

检验方法:对照暖通施工图纸,现场核查产品能效标识、产品合格证;复核厂家提供的产品性能检测报告。

检验数量:全数检查。

7.2.2 供暖通风与空调工程辅助设备及其管道、自控阀门、仪表、保温(绝热)材料等产品进场时,应按照设计要求和产品技术资料对其型号、规格、等级及外观等进行验收,各种产品和设备的质量证明文件和相关技术资料应齐全,并应符合现行国家有关标准和规定。

检验方法:观察检查,核查质量证明文件。

检验数量:全数检查。

7.2.3 供暖通风与空调系统中冷热源侧的电动调节阀、冷(热)量计量装置、供热量自动控制装置、空调机组回水管上的电动调节阀和风机盘管机组回水管上的电动调节阀等自控阀门与仪表的安装应符合下列规定:

1 类型、规格、数量应符合设计要求。

2 方向应正确,位置应便于操作和观察。

检验方法:观察检查。

检验数量:全数检查。

7.2.4 供暖通风与空调工程室内外管网节能工程应符合下列规定:

1 系统形式应符合设计要求。

2 预制管道的规格、材质应符合设计要求。

3 绝热材料的规格、材质、安装方式应符合设计要求。

4 防潮层的规格、材质、安装方式应符合设计要求。

检验方法:核查见证取样复验报告,观察检查。

检验数量:见证取样报告全部核查,其余按数量抽查10%,且绝热层不得少于10段、防潮层不得少于10 m。

7.2.5 低温热水地面辐射供暖系统的安装,除应符合本标准第7.2.4条的规定外,尚应符合下列规定:

1 室内温度调控装置的安装位置和方向应符合设计要求,并应便于观察、操作和调试。

2 室内温度调控装置的温度传感器宜安装在距地面约

1.4 m 的内墙上或与照明开关在同一高度上,且避开阳光直射和发热设备。

检验方法:观察检查。

检验数量:最小抽样数量不得少于 5 处。

7.2.6 空调通风系统中采用的设备,应按照设计要求对其类型、规格、外观进行检查验收,设备的质量证明文件和相关技术资料应齐全,并应符合现行国家有关标准和规定。

检验方法:观察检查;核查热回收新风机组和风机盘管机组复验报告。

检验数量:同一厂家的风机盘管机组和热回收新风机组分别按数量复验 2%,但不得少于 2 台并覆盖各种型号;其他全数检查。

7.2.7 供暖通风与空调工程安装完成后,应对冷热源机组、输配系统设备、空调通风系统设备进行单机试运转和调试,同时在供冷期或供暖期对空调与供暖系统分别进行制冷和供暖工况下的联合试运转及调试,运转及调试应符合下列规定:

1 设备的单机试运转和调试结果应符合设计要求。

2 在单机试运转和调试合格的基础上,应进行系统的联合运转和调试以及系统的风量和水量平衡调试。调试结果应符合表 7.2.7 的要求。

检验方法:观察检查;核查试运转记录、调试报告或平衡度检测报告、风系统单位风量耗功率、空调水系统冷热水循环水泵的耗电输冷(热)比检测报告。

检验数量:全数检查。

表 7.2.7 联合试运转及调试检测项目与允许偏差或规定值

序号	联合试运转及调试检测项目	允许偏差或规定值
1	冬季室内平均温度	不得低于设计温度 2℃
2	夏季室内平均温度	不得高于设计温度 2℃

续表7.2.7

序号	联合试运转及调试检测项目	允许偏差或规定值
3	新风量	与设计风量的允许偏差≤10%
4	系统总风量	与设计风量的允许偏差≤10%
5	各风口的风量	与设计风量的允许偏差≤15%
6	电动压缩式冷水机组冷水供回水温差	≥6℃
7	空调热水系统的供水温度	≥60℃
8	空调热水供回水温差	≥10℃
9	空调机组的水流量	定流量系统允许偏差≤15%,变流量系统允许偏差≤10%
10	空调系统冷水、热水、冷却水的循环流量	与设计循环流量的允许偏差≤10%
11	风系统单位风量耗功率	符合设计要求
12	空调水系统冷热水循环水泵的耗电输冷(热)比	符合设计要求

7.3 一般项目

7.3.1 利用余热废热资源供应蒸汽、供暖或生活热水的设备系统,应按照设计要求对余热废热提供的热量供应量及供应范围进行核查。

检验方法:对照通过审查的暖通和给排水施工图纸,现场核实产品质量合格证明文件及说明书、相关性能检测报告、设备铭牌参数;现场核查设备及系统的配套安装情况。

检验数量:全数检查。

7.3.2 分布式热电联供系统以及热电冷联供系统应符合设计要求。

检验方法:对照通过审查的分布式热电联供系统以及热电冷联供系统施工图纸,现场核实主要设备的产品质量合格证明文件、说明书及相关性能检测报告,以及设备铭牌的技术性能参数;现场核查设备及系统的配套安装情况。

检验数量:全数检查。

7.3.3 空调蓄冷蓄热系统应符合设计要求。

检验方法:对照通过审查的暖通施工图纸,现场核实主要设备的产品质量合格证明文件、说明书及相关性能检测报告,以及设备铭牌的技术性能参数;现场核查设备及系统的配套安装情况。

检验数量:全数检查。

7.3.4 过渡季和冬季利用冷却塔提供空调冷水的空调水系统应符合设计要求。

检验方法:对照通过审查的暖通施工图纸,现场核实冷却塔的产品质量合格证明文件、说明书及相关性能检测报告,以及设备铭牌的技术性能参数;现场核查管路安装情况。

检验数量:全数检查。

7.3.5 空调通风系统的安装应符合设计要求,并应符合下列规定:

1 空调通风系统应能实现设计要求的变频运行。

2 空调通风系统的安装应符合设计分区划分要求。

3 空调箱内应配置初、中效空气过滤装置。

4 产生异味或污染物的房间,应设置机械排风系统。

检验方法:对照通过审查的暖通施工图纸,现场核实安装情况。

检验数量:全数检查。

7.3.6 过渡季和冬季利用室外新风供冷的空调风系统安装应符合设计要求。

检验方法:对照通过审查的暖通施工图纸,现场核实设备铭牌参数以及新风管道安装和调节性能。

检验数量:按系统抽查10%,且不得少于1个系统。

8 建筑电气工程

8.1 一般规定

8.1.1 建筑电气工程应对下列项目进行验收：

1 配电系统。

2 照明系统。

8.1.2 建筑电气工程的主要验收方法为现场检验及核查第三方检测报告；供配电与照明系统施工中应及时进行质量检查，对隐蔽部位在隐蔽前进行验收，并应有详细的文字记录和必要的图像资料，施工完成后应进行配电与照明节能分项工程验收。未进行第三方测试的，应委托有资质的第三方检测单位进行现场测试。

8.1.3 建筑电气工程验收的测试方法和测试条件应符合现行国家标准《建筑电气工程施工质量验收规范》GB 50303、《建筑节能工程施工质量验收标准》GB 50411 和现行上海市工程建设规范《建筑节能工程施工质量验收规程》DGJ 08—113 的相关规定。

8.2 主控项目

8.2.1 建筑电气工程使用的配电设备、电线电缆、照明光源、灯具及其附属装置等产品应进行进场验收，验收结果应经监理工程师检查认可，且应形成相应的验收记录。各种材料和设备的质量证明文件与相关技术资料应齐全，并应符合设计要求和国家现行有关标准的规定。

检验方法：观察、尺量检查，核查质量证明文件，现场随机抽样检验，核查复验报告。

检验数量:电线电缆同厂家应抽查各种型号总数的10%,且不少于2个规格。同厂家的照明光源、镇流器、灯具、照明设备数量在200套(个)及以下时,抽检2套(个);数量在201套(个)~2 000套(个)时,抽检3套(个);数量在2 000套(个)以上时,每增加1 000套(个)应增加抽检1套(个)。同工程项目、同施工单位且同期施工的多个单位工程可合并计算,检验批容量可以扩大。

8.2.2 照明系统的平均照度值不得小于设计值的90%,功率密度值不应大于设计值;设计无要求时,应符合现行国家标准《建筑照明设计标准》GB 50034的相关规定;步行和非机动车交通道路的路面平均照度、路面最小照度、最小垂直照度、最小半柱面照度应满足设计值。

检验方法:核查第三方检测机构出具的照明系统检测报告。

检验数量:按样本数量的10%抽查。

8.2.3 人员长期停留的场所应采用符合现行国家标准《灯和灯系统的光生物安全性》GB/T 20145规定的无危险类照明产品;选用LED照明产品的光输出波形的波动深度应满足现行国家标准《LED室内照明应用技术要求》GB/T 31831的规定。

检验方法:核查设计图纸及产品品牌型号。

检验数量:所有型号皆应核查。

8.2.4 公共区域照明系统应采用分区、定时、感应等节能控制;天然采光区域的照明应能独立控制。

检验方法:观察检查。

检验数量:按样本数量的10%抽查,且覆盖不同照明区域。

8.2.5 停车场(库)的电动汽车充电设施应满足本市相关规划配建要求及相关标准的规定。

检验方法:观察检查,核查设计图纸及数量,或采信已有的专项验收结论。

检验数量:按样本数量的10%抽查。

8.2.6 工程安装完成后应对配电系统进行调试,调试合格后应对低压配电系统相关技术参数进行检测,其检测结果应符合下列规定:

1 用电单位受电端电压允许偏差:三相 380 V 供电为标称电压的 $\pm7\%$;单相 220 V 供电为标称电压的 $-10\%\sim+7\%$。

2 正常运行情况下用电设备端子处额定电压的允许偏差:室内照明为 $\pm5\%$,一般用途电动机为 $\pm5\%$,电梯电动机为 $\pm7\%$,其他无特殊规定设备为 $\pm5\%$。

3 10 kV 及以下配电变压器低压侧,功率因数不低于 0.9。

4 380 V 的电网标称电压谐波限值:电压谐波总畸变率(THDu)为 5%,奇次(1 次 $\sim$ 25 次)谐波含有率为 4%,偶次(2 次 $\sim$ 24 次)谐波含有率为 2%。

5 谐波电流不应超过标准规定的允许值。

检验方法:核查设计图纸、第三方检测机构出具的配电系统检测报告。

检验数量:受电端全数检查,末端按样本数量的 10%抽查。

8.2.7 垂直电梯采取变频调速、能量反馈或群控等节能措施应满足设计要求;自动扶梯采用变频调速、感应启动等节能措施应满足设计要求。

检验方法:观察检查,核查设计图纸及产品品牌型号。

检验数量:所有型号全数检查。

8.2.8 监测与控制系统所采用的计量装置、电流互感器等设备、线缆等材料,应按照设计要求对其类别、材质、规格、外观进行核查,应符合设计要求及国家有关标准的规定,并应经监理工程师检查认可,且应形成相应的质量记录。

检验方法:核查设备及材料质保书、合格证以及相关检测报告,现场实物观察。

检验数量:所有型号皆应核查,同一型号抽样比例不低于 10%。

8.3 一般项目

8.3.1 应选用耐腐蚀、抗老化、耐久性能好的管材、管线和管件。

检验方法:现场实物观察,查阅竣工文件、验收报告,查阅建筑物及设备的配件档案。

检验数量:按样本数量的10%抽查。

8.3.2 建筑采用的电力变压器、风机、水泵等主要用能设备的能效限定值及能效等级应符合现行国家标准《电力变压器能效限定值及能效等级》GB 20052、《通风机能效限定值及能效等级》GB 19761 和《清水离心泵能效限定值及节能评价值》GB 19762 等相关节能产品认证标准的规定,不得使用国家明令淘汰的用能产品和设备。

检验方法:核查设计图纸及产品品牌型号。

检验数量:所有型号皆应核查,同一型号抽样比例不低于10%。

8.3.3 母线与母线或母线与电器接线端子当采用螺栓搭接连接时,应牢固可靠。

检验方法:使用力矩扳手对压接螺栓进行力矩检测。

检验数量:母线按检验批抽查10%。

8.3.4 交流单芯电缆或分相后的每相电缆宜品字形(三叶形)敷设,且不得形成闭合铁磁回路。

检验方法:观察检查。

检验数量:全数检查。

8.3.5 三相照明配电干线的各相负荷宜分配平衡,其最大相负荷不宜超过三相负荷平均值的115%,最小相负荷不宜小于三相负荷平均值的85%。

检验方法:在建筑物照明通电试运行时开启全部照明负荷,使用三相功率计检测各相负载电流、电压和功率。

检验数量:全数检查。

8.3.6 当采用可再生能源发电作为补充电力能源时,接入电力系统的接口位置和安装要求应符合设计要求。

检验方法:依据设计文件核对接口和可再生能源发电,并核查其安装是否满足要求。

检验数量:全数检查。

9 智能建筑工程

9.1 一般规定

9.1.1 智能建筑工程应对下列项目进行验收：

1 建筑设备监控系统。

2 室内空气质量监控系统。

3 能源管理系统。

4 水质在线监测系统。

5 信息网络系统。

6 智慧建筑综合服务平台。

9.1.2 建筑设备监控系统工程质量验收应符合现行国家标准《智能建筑工程质量验收规范》GB 50339 和《建筑节能工程施工质量验收标准》GB 50411 的规定。

9.1.3 能源管理系统工程质量验收应符合现行国家标准《建筑节能与可再生能源利用通用规范》GB 55015 和现行上海市工程建设规范《公共建筑用能监测系统工程技术标准》DGJ 08—2068 的规定。

9.1.4 智能建筑工程验收前试运行应连续进行不小于 120 h，试运行出现故障时，应重新开始计时，直至连续运行满 120 h。

9.2 主控项目

9.2.1 智能建筑工程中采用的计量装置、传感器、执行器、控制器、数据采集器、网络交换设备等主要设备及线缆等材料，其型号、规格、外观应符合设计要求。水、电、气和冷/热量表等计量装置,应提供计量器具型式批准证书(CPA)。

检验方法:查看材料进场时的监理工程师(或建设单位代表)验收记录,对照设计要求核查设备及材料质保书、合格证、相关检测报告、CPA证书等,现场实物观察。

检验数量:所有型号皆应核查,同一型号抽样比例不低于10%且不宜超过10台(项),能源计量关口表应100%核查。

9.2.2 计测量装置的测量数据应准确,测量精度应符合设计要求。

检验方法:对照设计要求,核查第三方检测机构出具的现场检测报告;无现场检测报告时,可采用标准仪器仪表实测,与系统采集数据比对。

检验数量:所有型号皆应核查,同一型号抽样比例不低于10%且不宜超过10台,能源计量关口表应100%核查。

9.2.3 建筑设备监控系统的功能应符合设计要求,运行记录应完整。

检验方法:对照设计要求检查系统的数据采集、故障报警、设备运行状态显示、远程监控、历史数据处理等功能。

检验数量:全数检查。

9.2.4 冷热源的水系统变频控制应符合设计要求,且机组、水泵在低频工况下应能正常运行。

检验方法:对照设计要求检查系统实现功能。

检验数量:全数检查。

9.2.5 地下车库一氧化碳浓度联动排风设备控制功能应符合设计要求。

检验方法:对照设计要求检查系统实现功能。

检验数量:典型区域各抽查1项。

9.2.6 照明自动控制及远程控制功能应符合设计要求。

检验方法:对照设计要求检查系统实现功能。

检验数量:典型功能区各抽查1项。

9.2.7 能源管理系统的分类、分级、分项、分区等能耗监测、数据分析、能耗管理、数据上传等功能应符合设计要求。

检验方法：对照设计要求检查系统实现功能，核查第三方检测机构出具的检验报告或上级能耗监测平台出具的上传证明等文件。

检验数量：全数检查。

9.2.8 计算机网络系统的连通性、传输时延、丢包率、路由、容错功能、网络管理功能和无线局域网功能应符合设计要求。网络安全系统的结构安全、访问控制、安全审计、边界完整性检查、入侵防范、恶意代码防范和网络设备防护等安全保护能力应符合设计确定的信息系统安全防护等级。

检验方法：对照设计要求核查计算机网络系统第三方检测机构出具的检测报告；如无检测报告，宜进行补测。计算机网络系统检测应按现行国家标准《智能建筑工程质量验收规范》GB 50339 执行；网络安全系统检测应按现行国家标准《信息安全技术网络安全等级保护基本要求》GB/T 22239 执行。

检验数量：全数检查。

9.3 一般项目

9.3.1 空气质量监测系统的监测参数、存储时间和实时显示等功能应满足设计要求。

检验方法：对照设计要求检查系统实现功能。

检验数量：典型功能区各抽查 1 项。

9.3.2 用水远传计量系统的分类、分级用水记录和各种用水情况的监测、统计、分析、存储等功能应符合设计要求。

检验方法：对照设计要求检查系统实现功能，并根据系统数据给出管道漏损率。

检验数量：全数检查。

9.3.3 水质在线监测系统的水质监测、分析、存储功能应符合设计要求。

检验方法:对照设计要求检查系统实现功能。

检验数量:全数检查。

9.3.4 家电控制、安全报警、工作生活服务、远程监控和数据接入智慧城市(城区、社区)等智能化系统的功能应符合设计要求。

检验方法:对照设计要求检查系统实现功能。

检验数量:全数检查。

9.3.5 智慧建筑综合服务平台信息集成、协同运行、优化管理、建筑信息模型(BIM)等综合应用功能应符合设计要求。

检验方法:对照设计文件及 BIM 技术应用报告等检查系统实现功能。

检验数量:全数检查。

10 可再生能源工程

10.1 一般规定

10.1.1 可再生能源工程应对下列项目进行验收：

1 太阳能热水系统工程。

2 太阳能光伏系统工程。

3 地源热泵系统工程。

10.1.2 可再生能源系统工程施工中应随施工进度及时进行质量检查，应对隐蔽部位在隐蔽前进行验收。

10.1.3 太阳能热水系统工程验收除应符合现行国家标准《民用建筑太阳能热水系统应用技术标准》GB 50364 和现行上海市工程建设规范《太阳能热水系统应用技术规程》DG/TJ 08—2004A 的相关规定外，还应符合国家和本市现行有关标准的规定。

10.1.4 太阳能光伏系统工程验收除应符合现行国家标准《建筑光伏系统应用技术标准》GB/T 51368 和现行上海市工程建设规范《建筑太阳能光伏发电系统应用技术标准》DG/TJ 08—2004B 的相关规定外，还应符合国家和本市现行有关标准的规定。

10.1.5 地源热泵系统工程验收除应符合现行国家标准《地源热泵系统工程技术规范》GB 50366 和现行上海市工程建设规范《地源热泵系统工程技术标准》DG/TJ 08—2119 的相关规定外，还应符合国家和本市现行有关标准的规定。

10.1.6 可再生能源系统工程所采用的设备、管件、阀门、水泵、仪表、电缆、控制器、保温材料等进场时应进行验收，验收结果应经监理工程师（或建设单位代表）检查认可，并应形成相应的验收记录。各种设备和材料的质量证明文件、型式检验报告和相关技术资料应齐全,性能与功能应符合设计要求及国家和本市现行有关标准的规定。

10.2 主控项目

10.2.1 可再生能源系统应与建筑主体结构统一设计、施工,安装、检修与维护条件应符合设计要求,施工与安装过程应符合相关标准的规定。

检验方法:现场核查。

检验数量:全数检查。

10.2.2 可再生能源系统工程的下列内容应符合设计要求:

1 太阳能热水系统的集热器选型、规格、集热效率、集热面积、安装方式;储热水箱容量、保温层材料及厚度;管道保温材料及厚度;辅助热源类型及性能系数;系统热水供应范围等。

2 太阳能光伏系统的光伏组件型号、规格、发电效率、安装方式;储能设备型号与容量;上(并)网型式;逆变器型号及效率;系统电力供应范围等。

3 地源热泵系统的额定制冷量、额定制热量、输入功率、性能系数等;系统输送水泵/风机的流量/风量、功率、扬程/全压、效率等;地源侧井的数量、间距及材质;系统冷/热量的供应范围等。

检验方法:观察检查;现场核查产品合格证、型式检测报告、进场复验报告、隐蔽工程验收报告、系统调试报告等。

检验数量:全数检查。

10.2.3 可再生能源系统工程的安全、防护、隔声、降噪等措施应符合设计要求。

检验方法:观察检查;现场核查系统调试报告、专项检测报告等。

检验数量:全数检查。

10.2.4 可再生能源系统的计量方式、计量位置、计量精度、计量间隔等应符合设计要求。

　　检验方法:观察检查;核查验收记录、检测报告、调试报告。

　　检验数量:全数检查。

10.3　一般项目

10.3.1　太阳能热水系统水箱采取的保证储水不变质措施应符合设计要求。

　　检验方法:现场核查产品型式检验报告、产品合格证、水质保障措施、调试报告、水质检测报告等。

　　检验数量:全数检查。

10.3.2　可再生能源系统的下列内容应符合设计要求:

　　1　太阳能光热系统管道及附件的保温。

　　2　太阳能光伏系统清洗装置的安装。

　　3　地源热泵系统管道的保温。

　　检验方法:观察检查;核查施工记录、调适报告。

　　检验数量:全数检查。

10.3.3　可再生能源系统安装完成后,应按设计要求或相关规定进行标识。

　　检验方法:观察检查。

　　检验数量:全数检查。

11 室内环境工程

11.1 一般规定

11.1.1 室内环境工程应对下列项目进行验收:
1 声环境。
2 光环境。
3 热湿环境。
4 通风与空气质量。

11.1.2 室内环境工程的主要验收方法为现场检验及核查第三方检测报告。

11.1.3 室内环境工程性能指标的测试方法和测试条件应符合现行国家标准《民用建筑隔声设计规范》GB 50118、《民用建筑工程室内环境污染控制规范》GB 50325、《建筑照明设计标准》GB 50034、《通风与空调工程施工质量验收规范》GB 50243 和现行行业标准《建筑通风效果测试与评价标准》JGJ/T 309 等的相关规定。

11.1.4 室内环境的现场检验应抽取有代表性的单体建筑,抽检数量不应少于建筑总数的 10%,且不少于 2 栋;当建筑总数少于 2 栋时,应全数检测。

11.2 主控项目

11.2.1 建筑围护结构隔声性能应符合现行国家标准《民用建筑隔声设计规范》GB 50118 的相关规定。

检验方法:对照建筑及装饰装修图纸,核查主要功能房间围护结构的构造做法和隔声性能检测报告。

检验数量:建筑楼栋数的抽样按照本标准第 11.1.4 条的规定执行。在此基础上,空气声隔声性能应按每栋单体建筑主要功能房间同一类型的楼板和分户墙各不少于 1 处进行检测;撞击声隔声性能应按每栋单体建筑主要功能房间同一类型的楼板不少于 1 处进行检测;构件隔声测量应按每栋单体建筑主要功能房间的外窗不少于 1 处进行检测。

11.2.2 建筑功能房间室内噪声级应符合现行国家标准《民用建筑隔声设计规范》GB 50118 的相关规定。

检验方法:对照建筑及装饰装修设计图纸,核查建筑功能房间室内背景噪声现场检测报告。

检验数量:建筑楼栋数的抽样按照本标准第 11.1.4 条的规定执行。在此基础上,室内噪声级应按每栋单体建筑的同一功能房间不少于 2 间进行检测;当房间总数少于 2 间时,应全数检测。

11.2.3 照明质量应符合现行国家标准《建筑照明设计标准》GB 50034 的相关规定。

检验方法:对照建筑图纸和电气图纸,核查照明检测报告。

检验数量:建筑楼栋数的抽样按照本标准第 11.1.4 条的规定执行。在此基础上,照明系统的照度、照明均匀度、统一眩光指数、一般显色指数应按每栋单体建筑同一功能房间不少于 2 间进行检测;当房间总数少于 2 间时,应全数检测。

11.2.4 建筑室内温度、湿度、新风量等参数应符合现行国家标准《民用建筑供暖通风与空气调节设计规范》GB 50736 的相关规定。

检验方法:对照暖通空调施工图,核查新风机组型号规格说明书、室内温湿度检测报告和新风量检测报告。

检验数量:建筑楼栋数的抽样按照本标准第 11.1.4 条的规定执行。在此基础上,建筑室内温度、湿度和新风量的检测,应按每栋单体建筑同一功能房间不少于 2 间进行;当房间总数少于

2 间时,应全数检测。

11.2.5 建筑室内空气中氨、甲醛、总挥发性有机物、氡、苯等污染物浓度应符合现行国家标准《民用建筑工程室内环境污染控制规范》GB 50325 的相关规定。

检验方法:对照建筑装修装修图纸,核查建筑装饰装修材料环保性能合格证和型式检验报告,核查建筑室内空气污染物浓度测试报告。

检验数量:建筑楼栋数的抽样按照本标准第 11.1.4 条的规定执行。在此基础上,应抽检每个建筑单体有代表性的房间室内环境污染物浓度,氡、甲醛、氨、苯、甲苯、二甲苯和总挥发性有机化合物的抽检数量不少于 5%,且不少于 3 间;当房间总数少于 3 间时,应全数检测。

11.3 一般项目

11.3.1 建筑内有减少反射声要求的空间,其吸声设计应符合现行国家标准《建筑环境通用规范》GB 55016 的要求。

检验方法:对照建筑设计图纸和装饰装修图纸、专项声学设计报告,核查相关技术措施的现场情况,并核验声学检测报告。

检验数量:全数检查。

11.3.2 居住建筑主要功能房间应具有良好的户外视野。

检验方法:对照建筑装饰装修设计图纸,核查最不利的楼栋间距离。

检验数量:全数检查。

11.3.3 主要功能房间的自然采光应符合设计要求。

检验方法:对照建筑设计图纸,核查建筑窗地比计算书及外窗、玻璃幕墙等可透光材料产品质量证明文件和性能检测报告、采光分析报告,核查项目采光系数检测报告,并现场观察采光效果。

检验数量:居住建筑全数检查;公共建筑检验楼栋数的抽样

按照本标准第 11.1.4 条的规定执行。在此基础上，室内主要功能空间的采光系数和自然采光效果采光系数应按每栋单体建筑的同一功能房间不少于 2 间进行检测；当房间总数少于 2 间时，应全数检测。

11.3.4 建筑主要功能房间的控制眩光措施应符合设计要求。

检验方法：对照建筑专业设计文件和建筑装饰装修设计图纸、眩光指数计算报告或眩光测试报告，现场观察检查建筑主要功能房间眩光控制措施的实施情况。

检验数量：建筑楼栋数的抽样按照本标准第 11.1.4 条的规定执行。在此基础上，室内主要功能空间的眩光指数应按每栋单体建筑的同一功能房间不少于 2 间进行检测；当房间总数少于 2 间时，应全数检测。

11.3.5 建筑主要功能空间自然通风换气次数应符合设计要求。

检验方法：对照建筑设计图纸，核查建筑通风开口面积比例计算书、主要功能房间自然通风分析报告或建筑自然通风测试报告。

检验数量：建筑楼栋数的抽样按照本标准第 11.1.4 条的规定执行。在此基础上，室内主要功能空间的自然通风换气次数应按每栋单体建筑的同一功能房间不少于 2 间进行检测；当房间总数少于 2 间时，应全数检测。

12 室外总体工程

12.1 一般规定

12.1.1 室外总体工程应对下列项目进行验收：

  1 场地安全及污染源控制。

  2 交通与公共服务设施。

  3 室外声、光、热环境。

  4 场地生态措施。

12.1.2 用地面积、建筑总面积、容积率、绿地面积、机动车停车场等技术经济指标应符合设计要求，并应按照本市相关规定进行验收。

12.1.3 建筑规划布局应满足设计日照要求，且未影响周边日照敏感建筑的原有日照时数。

12.1.4 建设项目环保措施应符合设计要求，并应按本市相关规定进行验收。

12.1.5 室外总体工程的主要原材料、成品、半成品、配件、器具和设备应满足设计要求，并应按国家现行相关验收标准进行验收。

12.1.6 室外总体工程验收检验数量以全数检查为主，部分子分项检验批划分应符合下列要求：

  1 场地或绿化景观形成降低坠物措施的检验数量按照不少于楼栋总数的10%抽查，且不应少于1栋。

  2 地面绿化和立面现场观察按照每 10 000 m² 抽查 1 处，且不应少于 1 处。

12.2 主控项目

12.2.1 建设场地内不应有排放超标的污染源,废水、废气防治措施应符合下列要求:

1 餐饮油烟、含油废水排放应符合设计要求。

2 机动车停车库排风口与环境敏感目标的间距、排风管底部高度、进风口与排风口的间距应符合设计要求。

检验方法:核查厨房油烟井道和车库进排风口的位置、高度、与周边敏感建筑的间距;核查油烟处理设备、隔油池设备设施是否安装到位,并核查设备设施的产品检测报告。对照建筑设计图纸,核查现场机动车库进、排风口的布置,复核排风口底部的高度尺寸。

检验数量:全数检查。

12.2.2 垃圾容器间或垃圾压缩式收集站的设置应符合下列规定:

1 垃圾容器间或垃圾压缩式收集站的面积设置应符合设计要求。

2 垃圾容器间的上水、排水等清洁、防污染设施应符合设计要求。

检验方法:核查垃圾分类、储存及收集出来场所的位置、面积和设施落实情况。

检验数量:全数检查。

12.2.3 场地无障碍设施设置应符合设计要求。

检验方法:核查场地人行道路、活动场地、停车场、建筑出入口的无障碍措施,无障碍步行道应连续铺设,存在高差的地方应设置坡道,与建筑场地外城市街道应无障碍连接。

检验数量:全数检查。

12.2.4 场地内安全和引导标识系统的设置应符合下列规定:

1 室外活动场地安全警示标志应符合设计要求。

2 场地内通行、服务和应急导向标识系统应符合设计要求。

检验方法：核查室外人员流动大、青少年儿童经常活动场地等存在安全隐患区域是否设置禁止、警告或提示标识；核查场地内是否设置人行导向、紧急疏散、车行导向和无障碍标识。

检验数量：全数检查。

12.2.5 活动场地遮阴措施应符合设计要求。

检验方法：核查场地内广场、人行道、庭院、游憩场和停车场等区域是否采用乔木类绿化遮阳方式或采用庇护性景观亭、廊或固定式棚、架、膜结构等的构筑物遮阳方式，或采用绿化和构筑物混合遮阳方式；核实场地热环境计算报告（迎风面积比、遮阳覆盖率、平均热岛强度）。

检验数量：全数检查。

12.2.6 非机动车停车场所设置应符合下列规定：

1 非机动车停车场充电设施应符合设计要求。

2 非机动车停车位置应符合设计要求。

检验方法：核查非机动停车场所的充电设施；核查非机动车停车场所的位置，如停车位置与建筑出入口相距较远，不能方便使用，属于设置位置不合理。

检验数量：全数检查。

12.2.7 场地雨水滞蓄、净化、排放或再利用措施类型、面积和技术参数等应符合设计要求。

检验方法：核查场地内屋顶绿化、下凹绿地、雨水花园、透水地面或雨水回用系统等雨水基础设施；核实雨水径流计算书。

检验数量：全数检查。

12.3 一般项目

12.3.1 场地或绿化景观形成降低坠物危险的缓冲区、隔离带的位置和宽度应符合设计要求。

检验方法:对照景观总平图,现场观察建筑周边缓冲区和隔离带情况。

检验数量:按照不少于楼栋总数 10% 抽查,且不应少于 1 栋。

12.3.2 室外活动场地地面材料的类型、规格、防滑等级应符合设计要求。

检验方法:对照防滑性能设计说明及材料表,核查产品合格证和地面防滑性能检测报告等质量证明文件。

检验数量:全数检查。

12.3.3 室外吸烟区设置应符合下列规定:

1 与最近的建筑主出入口、新风进气口、可开启扇、老年和儿童活动场地的距离应符合设计要求。

2 室外吸烟区绿植、座椅、带烟头垃圾桶及导向标识系统的配置应符合设计要求。

检验方法:现场观察检查室外吸烟区与建筑出入口、新风进气口、可开启扇、老年和儿童活动场地的距离及相关配套设置情况,有必要时现场测量相关距离。

检验数量:全数检查。

12.3.4 基地人车分流情况应符合设计要求。

检验方法:对照交通分析图,现场观察人车分流的合理性。

检验数量:全数检查。

12.3.5 基地人行出入口位置应符合设计要求。

检验方法:对照建筑总平面图,现场观察人行出入口位置的一致性。

检验数量:全数检查。

12.3.6 公共服务配套应符合下列规定:

1 住宅建筑场地内配套公共服务设施类型、数量和位置应符合设计要求。

2 公共建筑集中设置的公共服务设施或辅助设施的类型、

数量和位置应符合设计要求。

检验方法:对照配套设施的相关说明及图纸,现场观察。

检验数量:全数检查。

12.3.7 室外运动场地设置应符合下列规定:

1 室外健身场地位置及范围应符合设计要求。

2 专用健身慢行道的宽度和长度应符合设计要求。

检验方法:对照室外运动场地及空间相关景观设计图纸及说明,现场观察室外建设场地和专用建设慢行道设置情况。

检验数量:全数检查。

12.3.8 场地环境噪声应符合设计要求。

检验方法:对照场地环境噪声类别说明,核查场地环境噪声检测报告。

检验数量:全数检查。

12.3.9 玻璃幕墙材料类型、可见光反射比和应用位置应符合设计要求。

检验方法:对照幕墙设计说明、专项设计图纸和玻璃幕墙光反射分析报告,核查玻璃幕墙进场验收记录及玻璃幕墙性能检测报告中可见光反射比的检测数据。

检验数量:全数检查。

12.3.10 热反射屋面和地面的材料类型、数量和太阳能反射系数应符合设计要求,色泽应均匀一致。

检验方法:对照热反射屋面和地面材料相关设计说明,核查热反射屋面和地面太阳能反射系数检测报告、进场材料记录,并现场观察材料颜色和色泽均匀性。

检验数量:全数检查。

12.3.11 地面绿化和立体绿化的质量验收应符合现行行业标准《园林绿化工程施工及验收规范》CJJ 82 和现行上海市工程建设规范《园林绿化工程施工质量验收标准》DG/TJ 08—701 的相关规定,并应符合下列规定:

1 苗木品种、规格和数量应符合设计要求。

2 种植区域、栽植土厚度和排水能力应符合设计要求。

3 住宅建筑每 100 m² 绿地的乔木数应符合设计要求。

检验方法:核查绿地面积测量测绘成果、苗木进场验收记录、苗木出圃单。对照建筑总平面图、屋顶绿化平面图,核查绿地测绘成果的绿地率、人均集中绿地面积、屋顶绿化面积指标;核查园林绿化工程验收栽植土分项工程质量验收记录,核查乔木种植图覆土厚度;对照苗木表,核查进场验收记录和苗木出圃证明等质量证明文件中的苗木品种和数量;根据苗木进场验收记录,核算住宅建筑每 100 m² 绿地的乔木数,并现场观察乔灌草复层绿化情况。

检验数量:质量证明文件全数检查;现场观察按照每 10 000 m² 抽查 1 处,且不应少于 1 处。

12.3.12 硬质铺装中透水铺装地面应符合下列规定:

1 透水铺装地面构造面层和基层的材料类型、面积和位置应符合设计要求。

2 计入透水铺装面积的植草砖镂空率不应小于 40%。

3 透水铺装的地下室顶板覆土厚度应符合设计要求。

检验方法:对照铺装设计图纸,核查透水铺装材料进场验收记录、产品合格证书和性能验收报告;对照地下室顶板施工图纸,核查地下室顶板隐蔽工程验收记录和地下室顶板覆土厚度。

检验数量:全数检查。

12.3.13 保护或修复场地生态环境的补偿措施应符合设计及相关方案要求。

检验方法:核查生态补偿方案(植被保护方案及记录、水面保留方案、表层土利用方案)、施工记录、影像资料(水体和植被修复改造、表层土收集利用过程等照片),并现场观察。

检验数量:全数检查。

13 绿色建筑单位工程验收

13.0.1 绿色建筑工程按照现行国家标准《建筑工程施工质量验收统一标准》GB 50300 进行竣工验收时,绿色建筑单位工程、分部工程、分项工程、检验批均应验收合格。

13.0.2 绿色建筑工程验收的程序和组织应遵守现行国家标准《建筑工程施工质量验收统一标准》GB 50300 的要求,并应符合下列规定:

1 绿色建筑工程检验批应由专业监理工程师组织施工单位项目专业检查员、专业工长等进行验收。

2 绿色建筑分项工程应由专业监理工程师组织施工单位项目相关专业技术负责人等进行验收。

3 绿色建筑分部工程应由总监理工程师组织施工单位项目负责人和项目技术负责人等进行验收。设计单位项目负责人应参加分部工程验收。

4 绿色建筑单位工程验收应由建设单位项目负责人组织设计单位项目负责人、施工单位项目负责人、总监理工程师等进行验收。

5 绿色建筑分项、分部、单位工程验收合格规定要求的验收记录、实体检验、设备性能检测可采信已有的建筑工程施工质量验收资料。

13.0.3 绿色建筑工程的检验批质量验收合格,应符合下列规定:

1 检验批应按主控项目和一般项目验收。

2 主控项目应全部合格。

3 审查合格的施工图设计文件涉及的一般项目应合格;当

采用计数抽样检验时,正常检验一次、二次抽样符合现行国家标准《建筑工程施工质量验收统一标准》GB 50300 规定的应判定合格。

    4 应具有完整的施工操作依据和验收记录,并包括绿色建筑检验批验收表(模板参见本标准附录 A)。

13.0.4 绿色建筑分项工程验收合格,应符合下列规定:

    1 分项工程所含的检验批均合格。

    2 分项工程所含检验批的验收记录应完整,并包括绿色建筑分项工程验收表(模板参见本标准附录 B)。

13.0.5 绿色建筑分部工程验收合格,应符合下列规定:

    1 分部工程所含的分项工程均合格。

    2 分部工程所含分项工程的验收记录应完整,并包括绿色建筑工程分部工程验收表(模板参见本标准附录 C)。

13.0.6 绿色建筑单位工程验收合格,应符合下列规定:

    1 分部工程应全部合格。

    2 分部工程验收资料应完整,并包括绿色建筑单位工程的验收表(模板参见本标准附录 D)。

    3 实体检验结果应符合设计要求。

    4 设备性能检测结果应合格。

13.0.7 绿色建筑单位工程文件归档范围:

    1 绿色建筑单位工程施工组织设计文件。

    2 绿色建筑单位工程验收表及证明材料。

    3 绿色建筑单位工程验收会议纪要。

    4 绿色建筑关键性能指标验收申请表(按照单个楼栋填写,模板参见本标准附录 E)。

附录 A   绿色建筑检验批验收记录

表 A   绿色建筑检验批验收记录

编号：

单位(子单位) 工程名称		分部(子分部) 工程名称	
分项工程名称		检验批容量	
施工单位		检验批部位	
项目负责人		施工依据	

	验收内容及 对应本标准条款号	设计要求	最小/实际 抽样数量	检查记录 及结果
主控项目				
一般项目				

施工单位检查结果	专业工长： 专业检查员： 　　　　　　　　　年　月　日
监理单位验收结论	专业监理工程师： 　　　　　　　　　年　月　日

附录 B 绿色建筑分项工程验收记录

表 B 绿色建筑分项工程验收记录

编号：

单位(子单位)工程名称		分部(子分部)工程名称		
分项工程数量		检验批数量		
施工单位				
项目负责人		项目技术负责人		
序号	检验批名称	检验批容量	检验批部位/区段	施工单位检查结果	监理单位验收结论
1					
2					
3					
4					
5					
6					
7					
8					

说明：

施工单位检查结果	专业技术负责人： 年　月　日
监理单位验收结论	专业监理工程师： 年　月　日

附录 C　绿色建筑分部工程验收表

表 C　绿色建筑分部工程验收表

编号：

单位(子单位) 工程名称				
分部(子分部) 工程名称			分部(子分部) 工程数量	
分部工程施工单位				
项目负责人			技术负责人	
序号	分项工程 名称	检验批数量	施工单位 检查结果	监理单位 验收结论
1				
2				
3				
4				
5				
6				
7				
8				
验收 结论	施工单位	项目负责人： 　　　　年　月　日		
	设计单位	项目负责人： 　　　　年　月　日		
	监理单位	总监理工程师： 　　　　年　月　日		

附录 D 绿色建筑单位工程验收表

表 D 绿色建筑单位工程验收表

编号：

单位(子单位)工程名称					
建设单位		项目负责人			
设计单位		项目负责人			
施工单位		项目负责人			
监理单位		总监理工程师			
序号	分部工程名称	验收记录		验收结论	备注
1	地基基础与主体结构工程	共____分项,经查符合设计图纸及本标准规定____分项			
2	建筑与装饰装修工程	共____分项,经查符合设计图纸及本标准规定____分项			
3	给水排水工程	共____分项,经查符合设计图纸及本标准规定____分项			
4	供暖通风与空调工程	共____分项,经查符合设计图纸及本标准规定____分项			
5	建筑电气工程	共____分项,经查符合设计图纸及本标准规定____分项			
6	智能建筑工程	共____分项,经查符合设计图纸及本标准规定____分项			
7	可再生能源工程	共____分项,经查符合设计图纸及本标准规定____分项			
8	室内环境工程	共____分项,经查符合设计图纸及本标准规定____分项			
9	室外总体工程	共____分项,经查符合设计图纸及本标准规定____分项			

续表D

资料完备情况			
现场实体检验			
设备性能检验			
验收结论			
验收单位	施工单位：	项目负责人： 年　月　日	
	设计单位：	项目负责人： 年　月　日	
	监理单位：	总监理工程师： 年　月　日	
	建设单位：	项目负责人： 年　月　日	

附录 E 绿色建筑关键性能指标验收申请表

表 E 绿色建筑关键性能指标验收申请表

编号：

绿色建筑工程名称： 报建编号：

建筑单体名称： 绿色建筑设计等级：

建筑面积（m²）： 建筑高度（m）：

绿色性能关键指标名称	指标要求	施工单位检查结果	设计单位验收结论	监理单位验收结论	建设单位验收结论
预制率(%)					
装配率(%)					
绿色建材应用比例(%)					
全装修情况	□是　　□否				
超低能耗建筑	□是　　□否				
近零能耗建筑	□是　　□否				
零碳建筑	□是　　□否				
采用建筑保温一体化	□是　　□否				
采用智能建造	□是　　□否				
外窗传热系数[W/(m²·K)]					
外窗气密性等级					
幕墙气密性等级					
门窗/幕墙抗风压指标(MPa)					
节水器具用水效率等级	□一级　□二级				
水泵效率	□节能评价值				
冷却塔用水效率	□≥98%				
空调机组能效等级	□一级　□二级				

续表E

绿色性能关键指标名称	指标要求	施工单位检查结果	设计单位验收结论	监理单位验收结论	建设单位验收结论
可再生能源利用方式	□太阳能光伏系统 □太阳能热水系统 □地源热泵系统 □空气源热泵系统				
可再生能源综合利用量 （kWh/a 或 kgce/a）					
屋面光伏组件初始发电效率（%）					
屋面光伏组件安装面积（m^2）					
立面光伏组件初始发电效率（%）					
立面光伏组件安装面积（m^2）					
太阳能光伏系统逆变器效率（%）					
太阳能光伏系统储能容量（kWh）					
太阳能热水集热器效率（%）					
太阳能光热面积（m^2）					
太阳能保证率（%）					
地源热泵系统制冷 COP					
地源热泵系统能效等级	□一级　　□二级				

本标准用词说明

1 为了便于在执行本标准条文时区别对待,对要求严格程度不同的用词说明如下:

  1)表示很严格,非这样做不可的用词:

    正面词采用"必须";

    反面词采用"严禁"。

  2)表示严格,在正常情况均应这样做的用词:

    正面词采用"应";

    反面词采用"不应"或"不得"。

  3)表示允许稍有选择,在条件许可时首先应这样做的用词:

    正面词采用"宜";

    反面词采用"不宜"。

  4)表示有选择,在一定条件下可以这样做的用词,采用"可"。

2 标准中指定应按其他有关标准、规范执行时,写法为"应符合……的规定(要求)"或"应按……执行"。

引用标准名录

1 《生活饮用水卫生标准》GB 5749
2 《通风机能效限定值及能效等级》GB 19761
3 《清水离心泵能效限定值及节能评价值》GB 19762
4 《电力变压器能效限定值及能效等级》GB 20052
5 《建筑给水排水设计标准》GB 50015
6 《建筑照明设计标准》GB 50034
7 《民用建筑隔声设计规范》GB 50118
8 《建筑地基基础工程施工质量验收标准》GB 50202
9 《砌体结构工程施工质量验收规范》GB 50203
10 《混凝土结构工程施工质量验收规范》GB 50204
11 《木结构工程施工质量验收规范》GB 50206
12 《建筑装饰装修工程质量验收标准》GB 50210
13 《建筑内部装修设计防火规范》GB 50222
14 《通风与空调工程施工质量验收规范》GB 50243
15 《建筑工程施工质量验收统一标准》GB 50300
16 《民用建筑工程室内环境污染控制标准》GB 50325
17 《智能建筑工程质量验收规范》GB 50339
18 《地源热泵系统工程技术规范》GB 50366
19 《建筑节能工程施工质量验收标准》GB 50411
20 《民用建筑供暖通风与空气调节设计规范》GB 50736
21 《木结构通用规范》GB 55005
22 《钢结构通用规范》GB 55006
23 《砌体结构通用规范》GB 55007
24 《混凝土结构通用规范》GB 55008
25 《建筑节能与可再生能源利用通用规范》GB 55015

26 《建筑环境通用规范》GB 55016

27 《建筑给水排水与节水通用规范》GB 55020

28 《装配式钢结构建筑技术标准》GB/T 51232

29 《装配式木结构建筑技术标准》GB/T 51233

30 《建筑外门窗气密性、水密性、抗风压性能检测方法》
GB/T 7106

31 《节水型产品通用技术条件》GB/T 18870

32 《灯和灯系统的光生物安全性》GB/T 20145

33 《信息安全技术网络安全等级保护基本要求》GB/T 22239

34 《LED 室内照明应用技术要求》GB/T 31831

35 《工业循环冷却水处理设计规范》GB/T 50050

36 《工业循环水冷却设计规范》GB/T 50102

37 《钢结构工程施工质量验收标准》GB 50205

38 《民用建筑太阳能热水系统应用技术标准》GB 50364

39 《装配式混凝土结构建筑技术标准》GB/T 51231

40 《建筑光伏系统应用技术标准》GB/T 51368

41 《清水混凝土应用技术规程》JGJ 169

42 《住宅室内装饰装修工程质量验收规范》JGJ/T 304

43 《建筑通风效果测试与评价标准》JGJ/T 309

44 《建筑地面防滑技术规程》JGJ/T 331

45 《建筑防护栏杆技术标准》JGJ/T 470

46 《地漏》CJ/T 186

47 《建筑节能工程施工质量验收标准》DGJ 08—113

48 《建筑幕墙工程技术标准》DG/TJ 08—56

49 《太阳能热水系统应用技术规程》DG/TJ 08—2004A

50 《建筑太阳能光伏发电系统应用技术标准》DG/TJ 08—2004B

51 《公共建筑用能监测系统工程技术标准》DGJ 08—2068

52 《地源热泵系统工程技术标准》DG/TJ 08—2119

53 《民用建筑外窗应用技术标准》DG/TJ 08—2242

标准上一版编制单位及人员信息

DG/TJ 08—2246—2017

主 编 单 位：上海市建筑科学研究院有限公司
中国建筑科学研究院上海分院
上海市建设工程安全质量监督总站
参 编 单 位：上海市绿色建筑协会
同济大学建筑设计研究院（集团）有限公司
上海建工集团股份有限公司
上海建科工程咨询有限公司
上海建科检验有限公司
主要起草人：韩继红　张　崟　黄忠辉　杨建荣　邱　童
金磊铭　钱　洁　车学娅　范宏武　王小安
邵文晞　张文宇　何晓燕　沈宏伟　廖　琳
张　俊　瞿志勇　王　颖　姚　浩　马素贞
刘华存　黄　薇　周红波　张健民　孙妍妍

上海市工程建设规范

绿色建筑工程验收标准

DG/TJ 08—2246—2023
J 14029—2024

条 文 说 明

2024　上海

目　次

Contents

1 总　则

1.0.1　本条提出了标准的编制目的。绿色建筑强调全寿命期理念，从规划设计、施工建造到运营管理均需要落实绿色建筑要求，工程验收是关系到绿色建筑落地和实效的关键环节。本标准明确本市绿色建筑在竣工验收阶段有别于常规建筑的验收要求，可为绿色建筑验收提供技术依据，从而保障绿色建筑项目设计时采用的绿色建筑技术和应用措施的落地，为后期运营维护提供良好的基础，响应绿色建筑的管理要求，提升绿色建筑质量。

1.0.2　本条明确了标准的适用对象，主要适用于新建的民用绿色建筑，扩建、改建项目在技术条件相同时可参照执行。

1.0.3　本条明确了绿色建筑工程验收的执行时间。

根据现行国家标准《建筑工程施工质量验收统一标准》GB 50300对建筑工程质量验收的划分原则，绿色建筑工程作为单位工程，在建设单位按照 GB 50300 组织工程验收时，应同步按照本标准要求完成绿色建筑工程检验批、分项工程、分部工程和（子）单位工程验收，建设项目竣工验收资料中应包括绿色建筑工程验收全部内容。

1.0.4　本条阐述了本标准和其他相关验收标准的关系。绿色建筑工程既应符合绿色建筑标准要求，又应符合常规建筑工程标准要求，因此绿色建筑工程的验收除了应符合国家和上海市有关绿色建筑标准规范的要求以外，还应符合常规建筑工程验收等有关标准要求。建筑工程施工质量验收的有关标准还包括各专业验收标准、专业技术规程、施工技术标准、试验方法标准、检测技术标准等。

3 基本规定

3.0.1 本条明确了绿色建筑工程即为依据绿色建筑设计标准设计并通过审图的建筑工程项目,明确了工程的验收依据为通过审查的施工图。

绿色建筑工程验收主要对照现行上海市工程建设规范《住宅建筑绿色设计标准》DGJ 08—2139 和《公共建筑绿色设计标准》DGJ 08—2143,以及相关的绿色建筑评价标准。本标准中的主控项目对应绿色建筑前提性要求,所有项目均应合格;本标准中的一般项目对应绿色建筑评分项和加分项,针对具体绿色建筑工程项目,因设计方案/绿色建筑专篇选项的不同,验收需要对应的一般项目存在差异,施工图设计文件选用的一般项目全部落实方视为满足验收要求。验收不合格的绿色建筑工程,施工单位应限期整改,直至重新验收合格。

3.0.2 本条旨在明确及强化参建各方职责。项目部成立专门的绿色建筑施工管理组织机构,明确人员职责,完善管理体系和制度建设,在施工组织设计应纳入与绿色建筑设计内容、验收项目相对应的施工要求,并就绿色建筑重点专项内容编制专项施工方案。施工单位项目经理为绿色建筑施工第一责任人,负责施工组织与实施及绿色目标实现,并指定绿色建筑专业负责人和专业工长。为了有效减小施工对环境的影响,应制订施工全过程的环境保护计划,明确施工过程中,开展定期检查,以达到保护环境的目的。建筑施工过程中应加强对施工人员的健康安全保护并组织落实。

3.0.3 绿色建筑工程的设计变更不得降低绿色建筑的目标等级。如果进行了可能影响绿色建筑性能落地的设计变更,则需要重新提交施工图审查,由原审查机构进行确认,原施工图审图机构确认后的施工图设计文件作为绿色建筑工程验收对照文件。

3.0.4 《绿色建筑工程验收标准》DG/TJ 08—2246—2017(以下简称"2017 年版标准")将绿色建筑工程验收定位为分部工程。目前,上海市新建民用建筑已全面执行绿色建筑要求,绿色建筑的验收对象、验收内容等发生了较大变化。根据现行国家标准《建筑工程施工质量验收统一标准》GB 50300 的划分原则,绿色建筑是具备独立施工条件并能形成独立使用功能的建筑物或构筑物,因此本次修订将绿色建筑工程定位为单位工程,对于规模较大的绿色建筑工程,可将其能形成独立使用功能的部分划分为一个子单位工程。例如:公共建筑群中的不同功能独立单体建筑,住宅建筑群中保障性住房楼栋、商品住房楼栋等。

本条遵循了现行国家标准《建筑工程施工质量验收统一标准》GB 50300 对于单位工程、分部工程、分项工程、检验批的划分原则,在总体内容保持一致的前提下突出绿色建筑工程验收特色,将可再生能源工程、室内环境工程、室外总体工程提升为分部工程,将地基基础与主体结构进行了归并,确定了绿色建筑单位工程下的 9 个分部工程。各分部工程下的分项工程划分及主要验收内容详见本标准表 3.0.4。

4 地基基础与主体结构工程

4.2 主控项目

4.2.1 本条为新增条文。

本条对应于上海市工程建设规范《公共建筑绿色设计标准》DG/TJ 08—2143—2021 第 7.2.1~7.2.4 条、《住宅建筑绿色设计标准》DG/TJ 08—2139—2021 第 7.2.1~7.2.4 条,与《绿色建筑评价标准》DG/TJ 08—2090—2020 第 4.1.2 条控制项要求相关联。

《公共建筑绿色设计标准》第 7.2.1~7.2.4 条,对地基基础的方案选择、桩基础选型及钻孔灌注桩的后注浆工艺、单桩承载力确定等进行了规定。因此,地基基础施工情况与设计文件的符合性也是绿色建筑工程验收的关键。

4.2.2 本条在 2017 年版标准第 6.3.8 条的基础上发展而来。

本条对应于上海市工程建设规范《公共建筑绿色设计标准》DG/TJ 08—2143—2021 第 7.1.4 条、《住宅建筑绿色设计标准》DG/TJ 08—2139—2021 第 7.1.4 条,与《绿色建筑评价标准》DG/TJ 08—2090—2020 第 7.1.9 条控制项要求相关联。

鼓励选用本地化建材,是减少运输过程的资源和能源消耗、降低环境污染的重要手段之一。500 km 是指建筑材料的最后一个生产工厂或场地到施工现场的运输距离。验收时检查就地取材制成的建筑产品所占的比例,需大于 70%。

4.2.3 本条为新增条文。

本条对应于上海市工程建设规范《公共建筑绿色设计标准》DG/TJ 08—2143—2021 第 7.1.4 条、《住宅建筑绿色设计标准》

DG/TJ 08—2139—2021 第 7.1.4 条,与《绿色建筑评价标准》DG/TJ 08—2090—2020 第 4.1.2 条控制项要求相关联。

主体结构的安全和耐久性是满足建筑长期使用的首要条件。主体结构的建造应实现设计规定的承载力。验收时重点查阅对比设计文件,检查主体结构实体的尺寸、材料强度、耐久性等参数和措施与设计文件的符合性,检查主体结构具备服役期间针对影响安全、耐久性等问题的检修和维护的条件。

4.2.4 本条在 2017 年版标准第 6.3.2 条的基础上发展而来。

本条对应于上海市工程建设规范《公共建筑绿色设计标准》DG/TJ 08—2143—2021 第 7.1.3 条、《住宅建筑绿色设计标准》DG/TJ 08—2139—2021 第 7.1.3 条,与《绿色建筑评价标准》DG/TJ 08—2090—2020 第 7.1.7 条相关联。

本条在《绿色建筑评价标准》DG/TJ 08—2090—2020 第 7.1.7 条的基础上提出。本条衔接了《绿色建筑评价标准》DG/TJ 08—2090—2020 第 7.1.7 条控制项"不应采用建筑形体和布置严重不规则的建筑结构"要求。

严重不规则的建筑形体和布置对建筑抗震的安全性非常不利。主体结构工程的建造应保证建筑规则形体和布置的实现。验收时重点对比设计文件、工程变更单,查阅建筑形体规则性判定报告。

4.2.5 本条在 2017 年版标准第 6.3.8 条的基础上发展而来。

本条对应于上海市工程建设规范《公共建筑绿色设计标准》DG/TJ 08—2143—2021 第 7.1.4 条、《住宅建筑绿色设计标准》DG/TJ 08—2139—2021 第 7.1.4 条,与《绿色建筑评价标准》DG/TJ 08—2090—2020 第 7.1.9 条相关联。

鼓励选用本地化建材,是减少运输过程的资源和能源消耗、降低环境污染的重要手段之一。500 km 是指建筑材料的最后一个生产工厂或场地到施工现场的运输距离。验收时检查就地取材制成的建筑产品所占的比例,需大于 70%。

4.3 一般项目

4.3.1 本条在 2017 年版标准第 6.3.4 条的基础上发展而来。

本条对应于上海市工程建设规范《公共建筑绿色设计标准》DG/TJ 08—2143—2021 第 7.3.2 条、《住宅建筑绿色设计标准》DG/TJ 08—2139—2021 第 7.3.2 条，与《绿色建筑评价标准》DG/TJ 08—2090—2020 第 4.2.8 条相关联。

《绿色建筑评价标准》DG/TJ 08—2090—2020 第 4.2.8 条提出"提高建筑结构材料的耐久性""按 100 年进行耐久性设计""对于混凝土构件，提高钢筋保护层厚度或采用高耐久混凝土"。

地基基础作为建筑重要组成部分，长期处于地下环境承载压力，耐久性能出现问题后修复困难，耐久性设计和施工尤为重要。因此，绿色建筑工程竣工验收应重点核查地基基础构件和材料的耐久性施工和设计要求的符合性。

4.3.2 本条在 2017 年版标准第 6.3.4 条的基础上发展而来。

本条对应于上海市工程建设规范《公共建筑绿色设计标准》DG/TJ 08—2143—2021 第 7.3.4 条、《住宅建筑绿色设计标准》DG/TJ 08—2139—2021 第 7.3.4 条，与《绿色建筑评价标准》DG/TJ 08—2090—2020 第 7.2.18 条相关联。

本条主要验收地基基础高强材料与构件的选用是否符合设计要求，主要包括 C50 及以上高强混凝土、HRB400 级及以上高强钢筋及 Q345 级及以上高强钢。

4.3.3 本条在 2017 年版标准第 6.3.10、6.3.11、6.3.15 条的基础上发展而来。

本条对应于上海市工程建设规范《公共建筑绿色设计标准》DG/TJ 08—2143—2021 第 7.3.6 条、《住宅建筑绿色设计标准》DG/TJ 08—2139—2021 第 7.3.6 条，与《绿色建筑评价标准》DG/TJ 08—2090—2020 第 7.2.20 和 7.2.21 条相关联。

4.3.4 本条为新增条文。

本条对应于上海市工程建设规范《公共建筑绿色设计标准》DG/TJ 08—2143—2021 第 6.4.6 条、《住宅建筑绿色设计标准》DG/TJ 08—2139—2021 第 6.4.6 条,与《绿色建筑评价标准》DG/TJ 08—2090—2020 第 7.2.22 条相关联。

《公共建筑绿色设计标准》DG/TJ 08—2143—2021 第 6.4.6 条和《住宅建筑绿色设计标准》DG/TJ 08—2139—2021 第 6.4.6 条提出"建筑设计应首选具有绿色建材标识的材料",《绿色建筑评价标准》DG/TJ 08—2090—2020 第 7.2.22 条提出"绿色建材应用比例不低于 30%,得 4 分;不低于 50%,得 6 分;不低于 70%,得 8 分"。本条的设置衔接了该条评分项要求。

4.3.5 本条为新增条文。

本条对应于上海市工程建设规范《公共建筑绿色设计标准》DG/TJ 08—2143—2021 第 7.3.1 和 7.3.3 条、《住宅建筑绿色设计标准》DG/TJ 08—2139—2021 第 7.3.1 和 7.3.3 条,与《绿色建筑评价标准》DG/TJ 08—2090—2020 第 4.2.1 条相关联。

本条主要关注合理提高建筑结构的抗震性能时,主体结构应按照提高的抗震设计要求进行施工,抗震施工质量应与抗震性能设计要求保持一致性,从而实现建筑结构基于性能的抗震设计目标要求。

4.3.6 本条在 2017 年版标准第 6.3.4 条的基础上发展而来。

本条对应于上海市工程建设规范《公共建筑绿色设计标准》DG/TJ 08—2143—2021 第 7.3.2 条、《住宅建筑绿色设计标准》DG/TJ 08—2139—2021 第 7.3.2 条,与《绿色建筑评价标准》DG/TJ 08—2090—2020 第 4.2.8 条相关联。

本条验收涉及高耐久性混凝土、耐候结构钢、防腐木材、耐久木材及耐久木制品,应根据项目采用的结构形式,对照设计文件,复核不同类型建筑材料的耐久性是否满足设计要求。

4.3.7 本条在 2017 年版标准第 6.3.4 条的基础上发展而来。

本条对应于上海市工程建设规范《公共建筑绿色设计标准》DG/TJ 08—2143—2021 第 7.3.4 条、《住宅建筑绿色设计标准》DG/TJ 08—2139—2021 第 7.3.4 条,与《绿色建筑评价标准》DG/TJ 08—2090—2020 第 7.2.18 条相关联。

混凝土结构材料用量比例计算书,需计算并明确 400 MPa 级及以上强度等级的高强度钢筋比例、C50 强度等级及以上高强混凝土比例;钢结构材料用量比例计算书,需计算并明确 Q355 级及以上高强钢材比例、螺栓连接等非现场焊接节点占现场全部连接及拼接节点的数量比例、施工免支撑楼屋面板的使用比例;混合结构材料用量比例计算书,除计算以上材料之外,还需计算建筑结构比例。

4.3.8 本条在 2017 年版标准的第 6.3.10、6.3.11、6.3.15 条的基础上发展而来。

本条对应于上海市工程建设规范《公共建筑绿色设计标准》DG/TJ 08—2143—2021 第 7.3.6 条、《住宅建筑绿色设计标准》DG/TJ 08—2139—2021 第 7.3.6 条,与《绿色建筑评价标准》DG/TJ 08—2090—2020 第 7.2.20 条相关联。

本条的验收涉及可再循环建筑材料、可再利用建筑材料及利废建材。采用可再循环建筑材料和可再利用建筑材料,可以减少生产加工新材料带来的资源、能源消耗及环境污染,具有良好的经济、社会和环境效益。利废建材是指在满足安全和使用性能的前提下,使用废弃物等作为原材料生产出的建筑材料,其中废弃物包括建筑废弃物、工业废料和生活废弃物。

4.3.9 本条为新增条文。

本条对应于上海市工程建设规范《公共建筑绿色设计标准》DG/TJ 08—2143—2021 第 6.4.6 条、《住宅建筑绿色设计标准》DG/TJ 08—2139—2021 第 6.4.6 条,与《绿色建筑评价标准》DG/TJ 08—2090—2020 第 7.2.22 条相关联。

本条的设置衔接了《绿色建筑评价标准》DG/TJ 08—2090—2020 第 7.2.22 条评分项对绿色建材的要求。验收时应首先明确项目采用的绿色建材的种类,对照检测报告等证明材料确认是否满足绿色建材要求,并对照材料清单复核其使用量是否满足《绿色建筑评价标准》DG/TJ 08—2090—2020 及设计要求。

4.3.10 本条在 2017 年版标准第 6.3.3 条的基础上发展而来。

本条对应于上海市工程建设规范《公共建筑绿色设计标准》DG/TJ 08—2143—2021 第 7.4.2 条、《住宅建筑绿色设计标准》DG/TJ 08—2139—2021 第 7.4.2 条,与《绿色建筑评价标准》DG/TJ 08—2090—2020 第 9.2.6 条相关联。

4.3.11 本条为新增条文。

改扩建结构保留原有结构、利用可再利用材料,可以节约材料,减少环境影响,验收时主要判断设计要求落实与否。

5 建筑与装饰装修工程

5.1 一般规定

5.1.1 本条为修改条文,原有室内环境内容纳入本标准第11章。

本条在节能工程验收的基础上增加了对建筑外围护结构的验收要求。

建筑装饰装修涉及建筑屋面、外墙、楼梯、防护栏杆等围护结构工程(包括围护结构的保温隔热节能工程)、装饰装修工程以及与室内环境有关的构造做法及措施。这些验收项目与绿色建筑评价标准中的安全耐久、健康舒适、资源节约和提高创新的相关控制项、得分项有关,应通过施工验收核实落实与否。

5.1.2 本条为修改条文,考虑到上海的地方特点,增加了执行上海市工程建设规范的要求。

建筑围护结构的热工性能具体落实在屋面、外墙、外窗、外挑楼板等建筑部位保温隔热措施上。现行上海市工程建设规范《建筑节能工程施工质量验收标准》DGJ 08—113 中要求节能工程应符合设计要求,并给出了这些部位的验收和检测方法。绿色建筑节能工程的验收与常规节能工程验收一致,不需要重复验收。应关注优化围护结构热工性能指标作为得分项或加分项的工程,应核实其是否落实设计中提出的围护结构加厚保温层、提高外门窗热工性能等技术措施。设计、施工中采用新材料、新技术和特殊工艺工法时,还应符合上海市相关管理规定。

5.1.3 本条为修改条文,强调了与绿色建筑评价相关的验收标准应协同一致。

装饰装修工程质量验收内容包括屋面、外墙、楼地面、门窗、室内装修等分部工程，这些是绿色建筑施工质量验收的基础。除此之外，还需执行建筑部位的专业验收标准，以满足绿色建筑评价标准对这些主要部位提出的耐久、安全等要求。设计、施工中采用新材料、新技术和特殊工艺工法时，还应符合上海市相关标准及管理规定。

5.1.4 本条为新增条文。

本条对应于上海市工程建设规范《公共建筑绿色设计标准》DGJ 08—2143—2021 第 5.4.1 和 5.4.2 条、《住宅建筑绿色设计标准》DGJ 08—2139—2020 第 5.4.1 条，与《绿色建筑评价标准》DG/TJ 08—2090—2020 第 8.2.9 条相关联。

幕墙作为建筑围护结构的重要组成部分，不仅应满足节能要求、常规的质量验收标准，还应符合安全防护、防火等要求。现行上海市工程建设规范《建筑幕墙工程技术标准》DG/TJ 08—56 明确了更为详细的光学、防火、保温、防水、防潮和安装质量要求。该标准中的专业验收要求应作为绿色建筑幕墙施工验收的重要依据。

5.1.5 本条为新增条文。

本条对应于上海市工程建设规范《公共建筑绿色设计标准》DGJ 08—2143—2021 第 6.3.6 和 6.5.2 条、《住宅建筑绿色设计标准》DGJ 08—2139—2020 第 6.3.5 和 6.5.2 条，与《绿色建筑评价标准》DG/TJ 08—2090—2020 第 4.2.2 条相关联。

门窗工程不仅有节能的要求，还有安全牢固及声、光等物理性能要求，现行上海市工程建设规范《民用建筑外窗应用技术标准》DG/TJ 08—2242 对门窗型材的隔热胶条、不同材料的型材以及送检、检验方法提出了更为具体的要求，并对附框的设置、窗扇的安装、开启扇的位置、五金配件等明确了验收方法，还对窗扇防坠落等安全性能提出了检测方法。该标准中的专业验收要求应作为绿色建筑门窗施工质量验收的重要依据。

5.1.6 本条为新增条文。

本条对应于上海市工程建设规范《公共建筑绿色设计标准》DGJ 08—2143—2021 第 6.5.3 和 6.5.4 条，与《绿色建筑评价标准》DG/TJ 08—2090—2020 第 4.2.2 条相关联。

行业标准《建筑防护栏杆技术标准》JGJ/T 470—2019 在国家标准《建筑工程施工质量验收统一标准》GB 50300—2001 的基础上更进一步规定了具体的防护栏杆施工质量验收和检测方法，从而确保人员安全。

5.1.7 本条为修改条文。

本条对应于上海市工程建设规范《公共建筑绿色设计标准》DGJ 08—2143—2021 第 6.4.2 和 6.4.3 条、《住宅建筑绿色设计标准》DGJ 08—2139—2020 第 6.3.5 和 6.5.2 条，与《绿色建筑评价标准》DG/TJ 08—2090—2020 第 5.1.1 和 5.2.1 条相关联。

建筑装饰装修材料不仅应满足健康环保要求，还应满足防火安全要求；建筑装饰装修所用材料除应满足使用功能和美学要求外，还应在材料采购和施工过程中有效控制材料的污染物含量，并应考虑各类材料叠加的污染物含量，确保交付使用的建筑室内环境达到现行国家标准《民用建筑工程室内环境污染控制规范》GB 50325 的要求，为使用者提供达标的健康环境。

5.2 主控项目

5.2.1 本条为新增条文，对标绿色建筑的安全耐久控制项评价内容。

本条对应于上海市工程建设规范《公共建筑绿色设计标准》DGJ 08—2143—2021 第 6.1.3 条、《住宅建筑绿色设计标准》DGJ 08—2139—2020 第 6.1.4 条，与《绿色建筑评价标准》DG/TJ 08—2090—2020 第 4.1.3 条相关联。

附加在建筑屋顶上的设备设施构件应与建筑主体同步施工

到位,验收时需同时核查屋面防水设计,应重视凸出屋面的设备设施基础的防水措施,重点核查隐蔽工程验收记录;考虑到住宅小区住宅单体数量多,检验数量按单体数量确定。

5.2.2 本条为新增条文,对标绿色建筑的安全耐久控制项评价内容。

本条对应于上海市工程建设规范《公共建筑绿色设计标准》DGJ 08—2143—2021 第 6.1.3 条、《住宅建筑绿色设计标准》DGJ 08—2139—2020 第 6.1.4 条,与《绿色建筑评价标准》DG/TJ 08—2090—2020 第 4.1.3 条相关联。

附加在建筑外墙上的设备设施构件应与建筑主体同步施工到位,验收时需同时核查外墙防水设计,应重视凸出墙面的设施构件与墙体衔接处的防水封堵措施,重点核查隐蔽工程验收记录;考虑到住宅小区住宅单体数量多,检验数量按单体数量确定。

5.2.3 本条为新增条文,对标绿色建筑的安全耐久控制项评价内容。

本条对应于上海市工程建设规范《公共建筑绿色设计标准》DGJ 08—2143—2021 第 6.4.7 条、《住宅建筑绿色设计标准》DGJ 08—2139—2020 第 6.4.7 条,与《绿色建筑评价标准》DG/TJ 08—2090—2020 第 4.1.6 条相关联。

住宅室内防水工程不得使用溶剂型防水涂料是现行行业标准《住宅室内防水工程技术规范》JGJ 298 中的强制性条文,对室内防水材料的材质要求,有助于室内污染物浓度的控制,也确保住户的健康舒适。在核查防水材料复验及现场抽样资料时,应作为重点验收内容。

5.2.4 本条为新增条文,对标绿色建筑的安全耐久控制项评价内容。

本条对应于建筑设计文件中明确的消防疏散和通行空间的净宽尺寸,与上海市工程建设规范《绿色建筑评价标准》DG/TJ 08—2090—2020 第 4.1.7 条相关联。

验收时,应以装饰完成面为尺量界面,应观察走廊和通道的净宽和通畅,疏散通道不应设有其他设施等障碍物,凸出走廊、通道墙面的宣传栏、画框等附加物品和设施不应超过通道净宽设计尺寸。

5.2.5 本条为新增条文,对标绿色建筑的安全耐久控制项评价内容。

本条对应于上海市工程建设规范《公共建筑绿色设计标准》DGJ 08—2143—2021 第 6.3.6 条第 4 款、《住宅建筑绿色设计标准》DGJ 08—2139—2020 第 6.3.5 条第 4 款,与《绿色建筑评价标准》DG/TJ 08—2090—2020 第 4.1.5 条相关联。

现行上海市工程建设规范《民用建筑外窗应用技术标准》DG/TJ 08—2242 中对外窗规定了抗风压、水密性的验收要求,但对水密性未作强制规定,门窗的抗风压、水密性指标要求应以建筑设计为准;若建筑工程施工质量验收中已按规定做过气密性、水密性实体抽样检验,可作为绿色建筑外门窗施工验收资料,不需要重复检验。建筑设计要求的门窗抗风压、水密性指标应反映在门窗加工设计图纸中,加工设计图纸不得降低门窗抗风压、水密性指标要求。

5.2.6 本条为新增条文,对标绿色建筑的安全耐久控制项评价内容。

本条对应于上海市工程建设规范《公共建筑绿色设计标准》DGJ 08—2143—2021 第 6.3.6 条第 4 款、《住宅建筑绿色设计标准》DGJ 08—2139—2020 第 6.3.5 条第 4 款,与《绿色建筑评价标准》DG/TJ 08—2090—2020 第 4.1.5 条相关联。

验收时,应核实建筑设计图纸和建筑幕墙设计图纸,抗风压、水密性应以建筑设计为准。现行上海市工程建设规范《建筑幕墙工程技术标准》DG/TJ 08—56 对建筑幕墙规定了竣工验收的文件和记录,其中有关抗风压、水密性的检测报告和验收资料可以作为绿色建筑的幕墙验收资料,不需要重复验收。

5.2.7 本条为修改条文。

本条对应于上海市工程建设规范《公共建筑绿色设计标准》DGJ 08—2143—2021 第 6.1.3 条、《住宅建筑绿色设计标准》DGJ 08—2139—2020 第 6.1.4 条,与《绿色建筑评价标准》DG/TJ 08—2090—2020 第 7.1.8 条相关联。

本条衔接了现行上海市工程建设规范《绿色建筑评价标准》DG/TJ 08—2090 中资源节约控制项要求。装饰性建筑构件主要为不具备使用功能或辅助功能作用的飘板、格栅和构架等纯装饰构件以及女儿墙高度超过安全防护高度 2 倍的部位,应控制装饰性构件的造价与总造价的比例。

5.3 一般项目

5.3.1 本条为新增条文,衔接了绿色建筑评价标准保障人员安全防护措施的评分项内容。

本条与上海市工程建设规范《绿色建筑评价标准》DG/TJ 08—2090—2020 第 4.2.2 条相关联。

设计对提高栏杆防护水平的选项得分需在施工后进行核实,提高栏杆的防护水平不仅与尺寸控制有关,还与栏杆材料、配件、锚固、防腐等施工措施息息相关,故不应将防护栏杆尺寸作为唯一的验收标准。验收时,应核查现行行业标准《建筑防护栏杆技术标准》JGJ/T 470 所要求的各项验收内容和竣工资料。

5.3.2 本条为新增条文,衔接了绿色建筑评价标准保障人员安全防护措施的评分项内容。

本条对应于上海市工程建设规范《公共建筑绿色设计标准》DGJ 08—2143—2021 第 6.5.3 和 6.5.4 条、《住宅建筑绿色设计标准》DGJ 08—2139—2020 第 6.5.3 条,与《绿色建筑评价标准》DG/TJ 08—2090—2020 第 4.2.4 条相关联。

验收时,应现场观察防坠落构件的外挑尺寸及设置位置,尤其是建筑出入口应设置雨篷或挑棚,避免出入口上方的坠落物伤人。

5.3.3 本条为新增条文,衔接了绿色建筑保障人员安全防护措施的要求。

本条对应于上海市工程建设规范《公共建筑绿色设计标准》DGJ 08—2143—2021 第6.5.1条、《住宅建筑绿色设计标准》DGJ 08—2139—2020 第6.5.1条,与《绿色建筑评价标准》DG/TJ 08—2090—2020 第4.1.3条相关联。

外墙外保温脱落伤人是非常严重的安全事故,必须采取防坠落措施。外墙外保温工程验收应按照现行行业标准《外墙外保温工程技术标准》JGJ 144执行,本条更重视外墙保温层的材料性能及与基层墙体的连接强度。

5.3.4 本条为新增条文,衔接了绿色建筑保障人员安全防护措施的要求。

本条对应于上海市工程建设规范《公共建筑绿色设计标准》DGJ 08—2143—2021 第6.5.4条,与《绿色建筑评价标准》DG/TJ 08—2090—2020 第4.2.3条相关联。

玻璃本身应具备防爆、防碎伤人的性能,玻璃厚度应符合设计要求和安全玻璃的基本要求,现场还需观察安全防护玻璃的标识设置情况。

5.3.5 本条为新增条文,衔接了绿色建筑保障人员安全防护措施的要求。

本条对应于建筑设计文件中对防夹功能门窗的要求,与上海市工程建设规范《绿色建筑评价标准》DG/TJ 08—2090—2020 第4.2.3条相关联。

绿色建筑工程在设计时如选用了本项内容,就应配置在门窗部品中,验收时应同时查阅门窗产品加工设计图纸的落实情况。若门窗加工设计图纸中未能反映防夹功能装置的配置,则此项不满足验收要求。

5.3.6 本条为新增条文,衔接了绿色建筑保障人员安全防护措施的要求。

本条对应于上海市工程建设规范《公共建筑绿色设计标准》DGJ 08—2143—2021 第 6.5.5 条、《住宅建筑绿色设计标准》DGJ 08—2139—2020 第 6.5.4 条,与《绿色建筑评价标准》DG/TJ 08—2090—2020 第 4.2.4 条相关联。

验收时,应对建筑室内外出入口、门厅大堂、厨房餐厅、卫生间、浴室等场所的地面防滑措施及防滑等级的施工情况进行核实,现行行业标准《建筑地面防滑技术规程》JGJ/T 331 对防滑地面工程施工验收规定了具体内容,可作为本条的验收依据。绿色建筑评价标准中对室内外活动场所和楼梯、坡道防滑等级达到 B 级或更高要求以及楼梯踏步防滑条的验收要求,均按照现行行业标准《建筑地面防滑技术规程》JGJ/T 331 执行。

5.3.7 本条是新增条文,衔接了绿色建筑对室内空气品质的要求。

本条对应于上海市工程建设规范《公共建筑绿色设计标准》DGJ 08—2143—2021 第 6.4.2 和 6.4.3 条、《住宅建筑绿色设计标准》DGJ 08—2139—2020 第 6.4.2 和 6.4.3 条,与《绿色建筑评价标准》DG/TJ 08—2090—2020 第 5.2.2 条相关联。

建筑物室内污染物浓度控制与建筑材料有关,不仅是装饰装修材料,室内防水材料和钢结构防火涂料同样会隐含有害物质。各类材料进场均应按规定提供产品合格证书、有效期内的型式检验报告,还应有现场复验报告和抽查检验记录。绿色建筑施工验收时应核查工程竣工验收归档的这些资料。当选用绿色产品装饰装修材料时,也应依据本条予以验收核实。

5.3.8 本条为新增条文。

本条与上海市工程建设规范《绿色建筑评价标准》DG/TJ 08—2090—2020 第 4.2.9 条第 1 款相关联。

清水混凝土的验收包括模板、钢筋、混凝土三部分,绿色建筑验收可直接采信土建工程竣工验收中的清水混凝土验收资料。

6 给水排水工程

6.1 一般规定

6.1.1 本条为修改条文。

依据现行国家标准《建筑给水排水及采暖工程施工质量验收规范》GB 50242的各个子项,结合本市绿色建筑设计与评价标准的具体要求,明确了本章适用的范围,包括排水系统、节水设备与部品部件、非传统水源利用、监测与计量。

给水排水工程各分项及主要验收内容见表1。

表1 给水排水工程各分项及主要验收内容

分项	主要验收内容
给排水系统	二次供水系统的水池、水箱及联动装置,管道及附属设施的标识,给水排水系统的水质,支管减压设施,管道防冻措施
生活热水系统	管道及附属设施的标识,生活热水系统的水质管道防冻措施
节水设备与部品部件	节水器具及配件,公共浴室节水设备,水泵,冷却塔,同层排水、降噪排水管,节水灌溉系统及设备
非传统水源利用	非传统水源系统及设备、水景补水措施
监测与计量	用水计量

6.1.2 本条为新增条文。

本条主要衔接了现行国家标准《建筑给水排水及采暖工程施工质量验收规范》GB 50242的相关规定。

6.1.3 本条为新增条文。

考虑到建筑给水排水系统的材料、设备规格、种类繁多,部分产品通过了绿色产品认证，有些产品还进行了部分节能指标的认定，因此本条约束并强调类别、材质、规格、外观、标识、节能指标的合规要求，先行查验并采纳按现行国家标准《建筑给水排水及采暖工程施工质量验收规范》GB 50242 开展的材料设备管理的各项验收结果。

6.2 主控项目

6.2.1 本条为新增条文。

本条对应于上海市工程建设规范《绿色建筑评价标准》DG/TJ 08—2090—2020 第 7.1.6 条控制项要求，强化要求所有二次供水系统所有水箱、水池的设置以及联动。

验收时，应重点核查系统装置的安装及联动的运行调试记录。

6.2.2 本条为新增条文。

本条对应于上海市工程建设规范《公共建筑绿色设计标准》DGJ 08—2139—2021 第 8.2.8 条、《住宅建筑绿色设计标准》DGJ 08—2143—2021 第 8.4.3 条，与《绿色建筑评价标准》DG/TJ 08—2090—2020 第 5.1.3 条控制项、第 5.2.5 条评分项要求相关联。

验收时，应核查给水系统、排水系统和非传统水系统采用的不同标识色和耐久性好的标识，防止误接、误用、误饮的措施。管道的标识色应符合国家标准《建筑给水排水与节水通用规范》GB 55020—2021 第 8.1.9 条的相关规定。

验收时，应重点核查非传统水管道取水口和取水龙头处的"不得饮用"的耐久标识，非传统水管网中所有组件和附属设施的显著位置应配置耐久标识，管道明装时应采用识别色和耐久标识，公共场所及绿化的取水口应设带锁装置等。

6.2.3 本条为新增条文。

本条对应于上海市工程建设规范《公共建筑绿色设计标准》

DGJ 08—2139—2021 第 8.2.10 条、《住宅建筑绿色设计标准》DGJ 08—2143—2021 第 8.3.1 条,与《绿色建筑评价标准》DG/TJ 08—2090—2020 第 5.1.3 条控制项要求相关联。

现行国家标准《生活饮用水卫生标准》GB 5749 对饮用水中与人群健康相关的各种因素(物理、化学和生物)作出了量值规定,水质指标主要包括微生物指标、毒理指标、感官性状和一般化学指标、放射性指标、消毒剂指标等,这些指标分为常规指标和非常规指标。

第 1 款,对应建筑生活饮用水用水点出水水质的常规指标应符合要求。

第 2 款,直饮水系统分为集中供水的管道直饮水系统和分散供水的终端直饮水处理设备。根据项目所采用的系统和设备形式,验收时应核查调试完成后的水质检测报告及设备质量验收记录。

集中生活热水系统供水水质应符合国家标准《建筑给水排水与节水通用规范》GB 55020—2021 表 5.2.2-1 生活热水水质常规指标及限值的相关规定,同时还需满足现行行业标准《生活热水水质标准》CJ/T 521 的要求。验收时应核查水质检测报告的指标及其检测结果。

游泳池循环水处理系统水质应符合现行行业标准《游泳池水质标准》CJ/T 244 的要求,验收时应依据该标准核查原水、补水水质指标检测报告及系统设备质量验收记录。

采暖空调循环水系统水质应符合现行国家标准《采暖空调系统水质》GB/T 29044 的要求。

景观水体分为非亲水性水景和亲水性水景,验收时应依据相关标准满足不同的补水水质要求。

非传统水源供水系统的水质,应根据不同用途的用水,验收时核查水质检测报告,满足现行国家及本市城市污水再生利用系列标准的要求。

6.2.4 本条在 2017 年版标准第 7.3.1 条的基础上发展而来。

本条对应于上海市工程建设规范《公共建筑绿色设计标准》DGJ 08—2139—2021 第 8.3.5 条、《住宅建筑绿色设计标准》DGJ 08—2143—2021 第 8.5.4 和 8.5.5 条，与《绿色建筑评价标准》DG/TJ 08—2090—2020 第 7.1.6 条控制项要求相关联。

验收时，按照使用用途、付费或管理单元、非传统水源给水的管路等核查水表设置的合理性，远传水表应符合现行行业标准《民用建筑远传抄表系统》JG/T 162 的规定，以实现"用者付费"，达到鼓励行为节水的目的，同时还可统计各种用途的用水量和分析渗漏水量，达到持续改进的目的。民用建筑的给水、热水、中水以及直饮水等给水管道设置计量水表应符合相关规定。

6.2.5 本条在 2017 年版标准第 7.3.2 条的基础上发展而来。

本条对应于上海市工程建设规范《公共建筑绿色设计标准》DGJ 08—2139—2021 第 8.2.2 条、《住宅建筑绿色设计标准》DGJ 08—2143—2021 第 8.2.3 条，与《绿色建筑评价标准》DG/TJ 08—2020 第 7.1.6 条控制项要求相关联。

验收时，应按照设计图纸核查减压阀是否设置到位，查看各用水分区减压阀后压力，核查给水配件水压检测结果，核对是否符合给水配件最低工作压力。给水系统超压出流量在使用过程中流失，未产生使用效益，却不易被人们察觉和认识，属于"隐形"水量浪费，应引起足够重视。但水压也不应小于用水器具的最低工作压力，且当因建筑功能需要选用特殊水压要求的用水器具时，应符合国家现行有关标准的节水、节能规定。

6.2.6 本条在 2017 年版标准第 7.3.2 条的基础上发展而来。

本条对应于上海市工程建设规范《公共建筑绿色设计标准》DGJ 08—2139—2021 第 8.3.1 条、《住宅建筑绿色设计标准》DGJ 08—2143—2021 第 8.5.1 条，与《绿色建筑评价标准》DG/TJ 08—2090—2020 第 5.1.3 和 7.1.6 条控制项要求相关联。

验收时，应核对节水器具的进场验收文件及节水器具的产品检测报告,核对项目所选用的节水器是否满足相关产品标准要求:坐便器执行现行国家标准《坐便器水效限定值及水效等级》GB 25502,水嘴执行现行国家标准《水嘴水效限定值及水效等级》GB 25501,小便器执行现行国家标准《小便器水效限定值及水效等级》GB 28377,淋浴器执行现行国家标准《淋浴器水效限定值及水效等级》GB 28378,蹲便器执行现行国家标准《蹲便器水效限定值及水效等级》GB 30717。公共场所的洗手盆水嘴应符合国家标准《建筑给水排水与节水通用规范》GB 55020—2021 第 3.4.5 条的要求,采用非接触式或延时自闭式水嘴。便器水封应在保证污废水顺利排出的前提下,防止污水系统有害气体逸入室内,避免室内环境受到污染。

6.2.7 本条在 2017 年版标准第 7.3.7 条的基础上发展而来,适用于设有公共浴室的各类民用建筑,包括学校、医院、体育场馆、住宅、办公楼、旅馆、商店等。

本条对应于上海市工程建设规范《公共建筑绿色设计标准》DGJ 08—2139—2021 第 8.3.1 条,与《绿色建筑评价标准》DG/TJ 08—2090—2020 第 5.1.3 和 7.1.6 条控制项要求相关联。

验收时,应现场核查项目内公共浴室的淋浴器具备恒温控制与温度显示功能或设置用者付费、超时设定自动断水的节水设施,采纳其设备安装及质量验收结果。

6.2.8 本条在 2017 年版标准第 7.2.2 条的基础上发展而来。

本条对应于上海市工程建设规范《公共建筑绿色设计标准》DGJ 08—2139—2021 第 8.4.3 条、《住宅建筑绿色设计标准》DGJ 08—2143—2021 第 8.4.4 条,与上海市工程建设规范《绿色建筑评价标准》DG/TJ 08—2090—2020 第 7.2.15 条评分项要求相关联。

验收时,景观水体的水质应符合现行国家标准《城市污水再生利用景观环境用水水质》GB/T 18921 的要求。景观水体的水质保障应采用生态水处理技术,合理控制雨水面源污染。

6.2.9 本条为新增条文。

本条对应于上海市工程建设规范《公共建筑绿色设计标准》DGJ 08—2139—2021 第 8.2.9 条，与《绿色建筑评价标准》DG/TJ 08—2090—2020 第 4.1.9 条控制项要求相关联。

验收时，应对室外明露等区域和公共部位有可能冰冻的给水、消防管道进行防冻措施核查。上海冬季气温可达到零摄氏度以下，敷设在室外、半室外及与室外空间直接相连的以及楼梯、走廊、坡道、车库等部位的给水、消防管道可能会发生冰冻，故需要对给水管道、阀门和设备进行防冻保温。

6.3 一般项目

6.3.1 本条为新增条文。

本条对应于上海市工程建设规范《公共建筑绿色设计标准》DGJ 08—2139—2021 第 8.2.4 条，与《绿色建筑评价标准》DG/TJ 08—2090—2020 第 5.2.3 和 5.2.4 条评分项要求相关联。

建筑二次供水设施的设计、生产、加工、施工、使用和管理均应符合国家现行标准规定。使用符合现行国家标准《二次供水设施卫生规范》GB 17051 和现行行业标准《二次供水工程技术规程》CJJ 140 要求的成品水箱，能够有效避免现场加工过程中的污染问题，且在安全生产、品质控制、减少误差等方面均较现场加工更有优势。

验收时，应重点核查二次供水水箱的采购清单、进场记录及说明书。

6.3.2 本条为新增条文。

本条对应于上海市工程建设规范《公共建筑绿色设计标准》DGJ 08—2139—2021 第 8.2.3 条、《住宅建筑绿色设计标准》DGJ 08—2143—2021 第 8.2.4 条，与《绿色建筑评价标准》DG/TJ 08—2090—2020 第 7.2.9 条评分项要求相关联。

验收时,应核对水泵的质量证明文件及性能检测报告;核对项目所选用的水泵效率是否不小于现行国家标准《清水离心泵能效限定值及节能评价值》GB 19762 规定的节能评价值要求,水泵噪声级是否不小于现行国家标准《泵的噪声测量与评价方法》GB/T 29529 规定的 B 级,水泵振动级别是否不小于现行国家标准《泵的振动测量与评价方法》GB/T 29531 规定的 B 级,并现场核查水泵房是否采取了隔声罩、隔声门、减震垫等防噪减震措施。

6.3.3 本条在 2017 年版标准第 7.3.9 条的基础上发展而来。

本条对应于上海市工程建设规范《公共建筑绿色设计标准》DGJ 08—2139—2021 第 8.2.5 和 8.3.3 条,与《绿色建筑评价标准》DG/TJ 08—2090—2020 第 7.2.14 条评分项要求相关联。

验收时,应对照设计图纸,现场核查空调循环冷却水系统,采取设置水处理措施、加大集水盘、设置平衡管或平衡水箱的设置情况,采纳质量验收记录和调试记录。

核查冷却塔设备产品质量证明文件和性能检测报告,应符合现行国家标准《节水型产品通用技术条件》GB/T 18870 和现行上海市地方标准《冷却塔循环水系统用水效率评定及测试》DB31/T 961 等相关节能、节水指标规定。

6.3.4 本条在 2017 年版标准第 7.3.8 条的基础上发展而来。

本条对应于上海市工程建设规范《住宅建筑绿色设计标准》DGJ 08—2139—2021 第 8.5.3 条,与《绿色建筑评价标准》DG/TJ 08—2090—2020 第 5.1.3 条控制项要求相关联。

验收时,应核查地漏是否设置在易溅水的卫生器具附近,能否满足水封深度及保证良好的水力自清流速要求;排水管管径、坡度等是否符合现行国家标准《建筑给水排水设计标准》GB 50015 的有关规定;埋设于填层中的管道接口是否严密;卫生器具排水口至排水横支管间落差设计是否合理,有无排水滞留。

6.3.5 本条为新增条文。

本条对应于上海市工程建设规范《公共建筑绿色设计标准》

DGJ 08—2139—2021 第 8.2.6 条、《住宅建筑绿色设计标准》DGJ 08—2143—2021 第 8.2.7 条,与《绿色建筑评价标准》DG/TJ 08—2090—2020 第 7.2.13 条评分项要求相关联。

验收时,应按照设计图纸核查灌溉喷头是否安装到位,核对灌溉系统的喷头、管材、管道附件、传感器等的产品采购合同和产品性能检测报告,现场观察绿化灌溉系统的工作覆盖范围是否合理。

6.3.6 本条在 2017 年版标准第 7.3.4 条的基础上发展而来。

本条对应于上海市工程建设规范《公共建筑绿色设计标准》DGJ 08—2139—2021 第 8.4.5 条、《住宅建筑绿色设计标准》DGJ 08—2143—2021 第 8.4.1 和 8.4.2 条,与《绿色建筑评价标准》DG/TJ 08—2090—2020 第 7.2.16 条评分项要求相关联。

验收时,对于利用自建雨水、中水处理系统的项目,核查建筑雨水、中水处理系统设施产品质量证明文件和性能检测报告,重点关注处理工艺和消毒技术的设计合理性;现场检查雨水、中水管网接入关系和用水去向、处理设施的安装情况,核查非传统水源用水量记录、非传统水源水质检测报告。

7 供暖通风与空调工程

7.1 一般规定

7.1.1 本条在 2017 年版标准第 8.1.1 条的基础上发展而来。

本条明确了本章适用的范围,适用于空调与供暖工程中冷热源设备、辅助设备及其管道在内的冷热源系统和室外管网系统、空调通风系统的节能工程质量验收。区别于 2017 年版标准,明确以系统和管网进行检验批分类。系统分类及验收内容如表 2 所示。

表 2 供暖通风与空调工程系统分类及验收内容

分类	验收内容
冷源系统与热源系统	冷源系统包括电动压缩式冷水机组、热泵机组、溴化锂吸收式机组、多联机、蓄冷设备、换热设备及冷却塔、水泵等辅助设备及其管道。热源系统包括建筑物内锅炉、热泵机组、溴化锂吸收式机组、多联机、蓄热设备、换热设备及水泵等辅助设备及其管道
室内外管网	从冷热源系统到空调末端设备的空调冷热水管网
空调通风系统	包括空调末端设备、风机、消声器、风口、风管、风阀等部件在内的整个送、排风系统

7.1.2 本条为新增条文。

本条内容衔接了现行国家标准《建筑节能工程施工质量验收标准》GB 50411 和现行上海工程建设规范《建筑节能工程施工质量验收规程》DGJ 08—113 的相关规定。

7.1.3 本条为新增条文。

为保证工程的使用功能和整体质量,满足节能、低碳的要求,强调主要技术指标不得低于本标准的规定。

7.2 主控项目

7.2.1 本条在2017年版标准第8.2.1条的基础上发展而来。

本条对应于上海市工程建设规范《住宅建筑绿色设计标准》DGJ 08—2139—2021第9.2.3和9.2.4条、《公共建筑绿色设计标准》DGJ 08—2140—2021第9.2.2和9.2.3条,与《绿色建筑评价标准》DG/TJ 08—2090—2020中资源节约控制项第7.1.2条和评分项第7.2.5条对冷源系统与热源系统机组性能验收的要求相关联。

本条规定的冷热源机组性能需满足现行国家标准、行业标准和地方标准的相关要求,并达到设计要求。检查内容根据设备分类进行:

1 电机驱动蒸汽压缩循环冷水(热泵)机组的名义制冷工况和规定条件下的制冷量(制热量)、输入功率、名义制冷工况性能系数(COP)、综合部分负荷性能系数(IPLV)。

2 电机驱动压缩机的单元式空气调节机、风管送风式和屋顶式空调机组在名义制冷工况和规定条件下的制冷量(制热量)、输入功率、能效比(EER)、全年性能系数(APF)。

3 多联式空调机组、单冷式转速可控型房间空调器、热泵式转速可控型房间空调器的额定制冷量(制热量)、全年能源消耗效率(APF)。

4 单冷式转速可控型房间空调器的额定制冷量、制冷季节能源消耗效率(SEER)。

5 蒸汽、热水型溴化锂吸收式机组及直燃型溴化锂吸收式冷(温)水机组的名义制冷量、制热量、单位制冷量蒸汽耗量、输入功率及性能系数。

6 锅炉机组单台容量及名义工况下的热效率。

7 热交换器的单台换热量。

7.2.2 本条为新增条文。

本条对应于上海市工程建设规范《住宅建筑绿色设计标准》DGJ 08—2139—2021 第 9.3.3 和 9.3.4 条、《公共建筑绿色设计标准》DGJ 08—2140—2021 第 9.3.2 和 9.3.3 条,与《绿色建筑评价标准》DG/TJ 08—2090—2020 中资源节约评分项第 7.2.9 条的要求相关联。

本条结合现行国家标准《建筑节能与可再生能源利用通用规范》GB 55015 和《建筑节能工程施工质量验收标准》GB 50411 的相关规定,对空调与供暖工程冷源系统与热源系统辅助设备(如冷却塔)及其管道提出要求:

1 供暖热水循环水泵、空调冷(热)水循环水泵、空调冷却水循环水泵等的流量、扬程、电机功率及效率。

2 冷却塔的流量及电机功率。

3 自控阀门与仪表的类型、规格、材质及公称压力。

4 管道的规格、材质、公称压力及适用温度。

5 管道保温(绝热)材料的燃烧性能、导热系数、密度、厚度、吸水率。

7.2.3 本条为新增条文。

本条对应于上海市工程建设规范《住宅建筑绿色设计标准》DGJ 08—2139—2021 第 9.5.1~9.5.3 条,以及《公共建筑绿色设计标准》DGJ 08—2140—2021 第 9.5.1~9.5.6 条。

本条结合自控要求并参照现行国家标准《建筑节能工程施工质量验收标准》GB 50411 的相关规定,对空调与供暖工程冷源系统与热源系统自控阀门与仪表的安装提出要求。

7.2.4 本条为新增条文。

本条对应于上海市工程建设规范《住宅建筑绿色设计标准》DGJ 08—2139—2021 第 9.3.2~9.5.3 条,以及《公共建筑绿色设计标准》DGJ 08—2140—2021 第 9.3.3 条。

本条结合现行国家标准《建筑节能与可再生能源利用通用规

范》GB 55015、《建筑节能工程施工质量验收标准》GB 50411 的相关规定,对空调与供暖工程室内外管网提出要求。

7.2.5 本条为新增条文。

本条对应于上海市工程建设规范《住宅建筑绿色设计标准》DGJ 08—2139—2021 第 9.3.2～9.5.3 条,以及《公共建筑绿色设计标准》DGJ 08—2140—2021 第 9.3.3 条。

本条结合现行国家标准《建筑节能工程施工质量验收标准》GB 50411 的相关规定,对低温热水地面辐射供暖系统的安装提出要求。

7.2.6 本条为新增条文。

本条对应于上海市工程建设规范《住宅建筑绿色设计标准》DGJ 08—2139—2021 第 9.4.3 条、《公共建筑绿色设计标准》DGJ 08—2140—2021 第 9.4.5 和 9.4.7 条,与《绿色建筑评价标准》DG/TJ 08—2090—2020 中资源节约评分项第 7.2.6 和 7.2.9 条的要求相关联。

本条结合现行国家标准《建筑节能与可再生能源利用通用规范》GB 55015、《建筑节能工程施工质量验收标准》GB 50411 及《民用建筑供暖通风与空气调节设计规范》GB 50736 以及相关产品标准的相关规定,对空调通风系统设备提出要求:

1 风机的风量、风压、功率、效率。

2 热回收新风机组的风量、静压损失、出口全压、输入功率、净新风率、交换效率及噪声。

3 风机盘管的供冷量、供热量、风量、水阻力、功率及噪声。

针对新风热回收装置,由于实验室检测能力范围受限,新风量大于 3 000 m^3/h 的设备需要对总风量、交换效率进行现场检测。

7.2.7 本条在 2017 年版标准第 8.3.8 条的基础上发展而来。

本条对应于现行上海市工程建设规范《住宅建筑绿色设计标准》DGJ 08—2139—2021 第 9.2.3、9.2.4、9.3.2 和 9.3.3 条,以及《公共建筑绿色设计标准》DGJ 08—2140—2021 第 9.2.2、9.2.3、9.3.1、9.3.2 和 9.4.5 条；与《绿色建筑评价标准》DG/TJ 08—2090—2020 中资源节约评分项第 7.2.5 和 7.2.6 条的要求相关联。

本条结合现行国家标准《建筑节能与可再生能源利用通用规范》GB 55015、《建筑节能工程施工质量验收标准》GB 50411 的相关规定，更新了部分参数要求。

7.3 一般项目

7.3.1 本条在 2017 年版标准第 8.3.1 条的基础上发展而来。

本条对应于上海市工程建设规范《住宅建筑绿色设计标准》DGJ 08—2139—2021 第 9.2.1、9.2.3 条，以及上海市《公共建筑绿色设计标准》DGJ 08—2140—2021 第 9.2.1~9.2.3 条；与《绿色建筑评价标准》DG/TJ 08—2090—2020 中资源节约评分项第 7.2.10 条的要求相关联。

本条结合现行国家标准《建筑节能与可再生能源利用通用规范》GB 55015、《建筑节能工程施工质量验收标准》GB 50411 的相关规定，规定了余热废热资源利用验收要求。

7.3.2 本条在 2017 年版标准第 8.3.3 条的基础上发展而来。

本条对应于上海市工程建设规范《公共建筑绿色设计标准》DGJ 08—2140—2021 第 9.2.1~9.2.3 条，与《绿色建筑评价标准》DG/TJ 08—2090—2020 中资源节约评分项第 7.2.10 条的要求相关联。

本条结合现行国家标准《建筑节能与可再生能源利用通用规范》GB 55015、《建筑节能工程施工质量验收标准》GB 50411 的相关规定，规定分布式热电联供系统以及热电冷联供系统验收要求。核查额定燃料消耗量、供电量、供冷量（分布式热电冷联供系统）、供热量以及系统电力、冷量（分布式热电冷联供系统）、热量供应范围应符合设计要求。

7.3.3 本条在 2017 年版标准第 8.3.4 条的基础上发展而来。

本条对应于上海市工程建设规范《住宅建筑绿色设计标准》DGJ 08—2139—2021 第 9.2.1、9.2.3 条,以及《公共建筑绿色设计标准》DGJ 08—2140—2021 第 9.2.1~9.2.3 条;与上海市《绿色建筑评价标准》DG/TJ 08—2090—2020 中资源节约评分项第 7.2.10 条的要求相关联。

本条结合现行国家标准《建筑节能与可再生能源利用通用规范》GB 55015、《建筑节能工程施工质量验收标准》GB 50411 的相关规定,规定空调蓄冷蓄热系统验收要求,并按照设计要求核查蓄冷蓄热系统主机在制冷、制热工况下的额定制冷量、制热量、输入功率、性能系数,蓄能设备蓄冷、蓄热容量,以及蓄冷蓄热系统冷量、热量供应范围。

7.3.4 本条在 2017 年版标准第 8.3.5 条的基础上发展而来。

本条对应于上海市工程建设规范《公共建筑绿色设计标准》DGJ 08—2140—2021 第 9.4.2 条,与《绿色建筑评价标准》DG/TJ 08—2090—2020 中资源节约评分项第 7.2.7 条的要求相关联。

本条规定过渡季和冬季利用冷却塔提供空调冷水的验收要求,系统安装应符合设计要求并满足开式冷却塔的一次水通过板式换热器的管路联接正确;闭式冷却塔直接供应冷水管路联接正确;冷却塔防冻措施正确。

7.3.5 本条在 2017 年版标准第 8.3.6 条的基础上发展而来。

本条对应于上海市工程建设规范《住宅建筑绿色设计标准》DGJ 08—2139—2021 第 9.4.6 条、《公共建筑绿色设计标准》DGJ 08—2140—2021 第 9.4.6 条。

本条结合现行国家标准《建筑节能与可再生能源利用通用规范》GB 55015、《建筑节能工程施工质量验收标准》GB 50411 的相关规定,规定空调通风系统验收要求。

7.3.6 本条在 2017 年版标准第 8.3.7 条的基础上发展而来。

本条对应于上海市工程建设规范《住宅建筑绿色设计标准》DGJ 08—2139—2021 第 9.4.6 条,以及《公共建筑绿色设计标准》DGJ 08—2140—2021 第 9.4.2、9.4.6 条。

本条规定过渡季和冬季利用室外新风供冷的空调风系统安装要求,应实现新风口与新风管的断面尺寸满足供风量需求;新风比和新风换气设施联动控制功能应满足设计要求;排风系统设置合理。

8 建筑电气工程

8.1 一般规定

8.1.1 本条规定了本章适用的范围,主要包括绿色建筑配电系统、照明系统,也包含电梯等电气相关设备设施。

8.1.2 本条明确了配电与照明节能工程验收检验的原则和验收方法。

8.1.3 本条列出了建筑电气工程验收的其他相关标准。

8.2 主控项目

8.2.1 本条为新增条文。

本条对应于上海市工程建设规范《公共建筑绿色设计标准》DGJ 08—2140—2021 第 10.1.3 条,与《绿色建筑评价标准》DG/TJ 08—2090—2020 中资源节约控制项第 5.1.5 条的要求相关联。

本条结合现行国家标准《建筑节能工程施工质量验收标准》GB 50411 的相关规定,对配电系统的导线和照明产品的验收作了规定:①在工程实践中发现使用伪劣电线电缆会造成发热,经常出现如果截面积过小,和电流不能匹配会很容易发热,造成极大的安全隐患。同时,如果每芯导体电阻值过大,会很大程度上增加线路损耗,造成用电的浪费。因此,为加强对建筑电气中使用的电线和电缆的质量控制,工程中使用的电线和电缆进场前必须进行见证取样送检,验收时核查检验报告。②照明耗电在建筑用电中占有很大的比例。选择高效的照明光源、灯具及其附属装置,直接关系建筑照明系统的节能效果。目前逐步采用 LED 灯和高效荧光灯,对于灯的安全性和效率有较高要求,需要满足现行国家标准《灯和灯系统的光生物安全性》GB/T 20145 规定的无危险类照明产品的要求;选用 LED 照明产品的光输出波形的波动深度应满足现行国家标准《LED 室内照明应用技术要求》GB/T 31831 的规定。

8.2.2 本条沿用 2017 年版标准既有内容,主要结合最新的标准规范对照明系统的照度进行了规定。

本条对应于上海市工程建设规范《住宅建筑绿色设计标准》DGJ 08—2139—2021 第 10.1.3 条、《公共建筑绿色设计标准》DGJ 08—2140—2021 第 10.1.3 条,与《绿色建筑评价标准》DG/TJ 08—2090—2020 中资源节约控制项第 7.1.3 和 7.2.8 条的要求相关联。

照明系统的检测应参照本市绿色建筑相关检测标准要求。照度是建筑重要指标,照度值的测定是建筑场所的舒适性和安全性的主要要求。照度值:无外界光源的情况下,将被测区域等分为 9 块,在每块区域使用照度计检测被检区域内照度,再将照度值相加除以 9 得到平均该区域平均照度值,测量得到的平均照度值不小于设计值的 90%。

功率密度值是建筑能耗的重要指标。功率密度值:在检测的回路灯光全开的情况下,使用电能质量分析仪卡接照明配电箱的被测照明回路,测量出该回路的功率值;再根据该回路覆盖的照明面积,使用卷尺测量出该部分面积,使用测出的功率值除以面积值计算得到该回路的照明功率密度值,经计算得出的被检区域的功率密度值应小于国家现行建筑照明设计标准中的规定。

8.2.3 本条为新增条文。

本条对应于上海市工程建设规范《住宅建筑绿色设计标准》DGJ 08—2139—2021 第 10.1.6 条、《公共建筑绿色设计标准》DGJ 08—2140—2021 第 10.1.4 和 10.1.5 条,与《绿色建筑评价标准》DG/TJ 08—2090—2020 中资源节约控制项第 5.1.5 条的要求相关联。

本条主要对灯的生物安全性和 LED 光源的光输出波形的波动深度的要求这两个重要指标明确了验收要求。

8.2.4 本条为新增条文。

本条对应于上海市工程建设规范《公共建筑绿色设计标准》DGJ 08—2140—2021 第 10.3.2 条，与《绿色建筑评价标准》DG/TJ 08—2090—2020 中资源节约控制项第 7.1.3 条的要求相关联。

本条主要验收工程是否采用了灵活的照明控制措施，达到照明系统的控制，减少能源浪费。

8.2.5 本条为新增条文。

本条对应于上海市工程建设规范《住宅建筑绿色设计标准》DGJ 08—2139—2021 第 10.1.2 和 5.3.2 条、《公共建筑绿色设计标准》DGJ 08—2140—2021 第 5.3.3 条，与《绿色建筑评价标准》DG/TJ 08—2090—2020 中生活便利控制项第 6.1.5 条的要求相关联。

当前电动汽车已普遍使用，本条要求验收时检查电动车充电装置是否满足设计要求，针对电动充电装置的专项验收意见可采信作为验收资料。

8.2.6 本条沿用 2017 年版标准既有内容，结合了现行国家标准《建筑节能工程施工质量验收标准》GB 50411 的相关规定。

本条主要针对建筑的低压配电电源质量情况进行验收。当建筑内采用大量的变频器等用电设备时，可能会造成电源质量下降、谐波含量增加，谐波电流危害较大。当其通过变压器时，会明显增加铁心损耗，使变压器过热；当其通过电机时，会增加电机铁心损耗，使转子产生振动，影响工作质量；谐波电流还会增加线路能耗与压损，尤其会增加零线上电流，并对电子设备的正常工作和安全产生危害。一般商场、展览馆等照度要求高的建筑，由于大量使用装饰灯会造成谐波电流超标，需要特别注意。

8.2.7 本条为新增条文。

本条对应于上海市工程建设规范《住宅建筑绿色设计标准》DGJ 08—2139—2021 第 10.1.7 条、《公共建筑绿色设计标准》DGJ 08—2140—2021 第 10.4.2 和 10.4.3 条,与《绿色建筑评价标准》DG/TJ 08—2090—2020 中资源节约控制项第 7.1.5 条的要求相关联。

本条对于电梯和扶梯的节能措施进行验收方式的确定,需要对其产品型号和控制措施进行验收检查。

8.2.8 本条沿用 2017 年版标准既有内容。

本条对应于上海市工程建设规范《公共建筑绿色设计标准》DGJ 08—2140—2021 第 10.5.4、10.5.6、10.1.4 和 10.1.5 条,与《绿色建筑评价标准》DG/TJ 08—2090—2020 中生活便利控制项第 6.1.5 条的要求相关联。

本条重点对电能计量的设备的参数进行验收,判断其是否满足设计要求,是否能够接入上一级能耗监控平台。如建筑节能工程验收资料满足本条验收要求时可采信,不需要重复验收。

8.3 一般项目

8.3.1 本条为新增条文。

本条与上海市工程建设规范《绿色建筑评价标准》DG/TJ 08—2090—2020 中安全耐久评分项第 4.2.7 条的要求相关联。

本条主要检查室外和地下工程的管件是否满足设计要求的耐久性指标要求。

8.3.2 本条为新增条文。

本条对应于上海市工程建设规范《住宅建筑绿色设计标准》DGJ 08—2139—2021 第 10.2.4 条、《公共建筑绿色设计标准》DGJ 08—2140—2021 第 10.1.2 条,与《绿色建筑评价标准》DG/TJ 08—2090—2020 中资源节约控制项第 7.2.9 条的要求相关联。

本条衔接现行国家标准《建筑节能工程施工质量验收标准》GB 50411 的相关规定。

本条主要针对主要的供配电设备如变压器、风机、水泵等设备的参数进行验收，判断其是否满足国家现行能效等级的要求。如建筑节能工程验收资料满足本条验收要求时可采信，不需要重复验收。

8.3.3 本条为新增条文，结合现行国家标准《建筑节能工程施工质量验收标准》GB 50411 的相关规定。

目前建筑体量越来越大，母线使用越来越普遍，用电量持续增大，需要加强对母线压接头质量的控制，避免由于压接头的加工质量问题而产生局部接触电阻增加，从而造成发热，增加损耗。如建筑节能工程验收资料满足本条验收要求时可采信，不需要重复验收。

8.3.4 本条为新增条文，结合现行国家标准《建筑节能工程施工质量验收标准》GB 50411 的相关规定。

交流单相或三相单芯电缆如果并排敷设或用铁制卡箍固定会形成铁磁回路，造成电缆发热，增加损耗并形成安全隐患。如建筑节能工程验收资料满足本条验收要求时可采信，不需要重复验收。

8.3.5 本条为新增条文，结合现行国家标准《建筑节能工程施工质量验收标准》GB 50411 和现行上海市工程建设规范《建筑节能工程施工质量验收标准》DGJ 08—113 的相关规定。

电源各相负载不均衡会影响照明器具的发光效率和使用寿命，造成电能损耗和资源浪费。检验方法中的试运行不是带载运行，应该是在所有照明灯具全部投入的情况下使用功率表进行测量。在建筑物照明通电试运行时开启全部照明负荷，使用电能质量分析仪检测各相负载电流、电压和功率。检测时，使电能质量分析仪的 A、B、C 三相和零相电流环分别对应卡接低压配电电源的 A、B、C 三相和零相,电压测试线分别对应接入低压配电电源的 A、B、C 三相和零相,进行 10 min 的监测,测量并计算出三相负荷平均值,再用测量得出的最大相负荷、最小相负荷分别与平均值进行比对,不得超出条文规定的指标要求。

8.3.6 本条结合现行国家标准《建筑节能工程施工质量验收标准》GB 50411 的相关规定。

采用可再生能源作为补充电力能源时,其接入电网的接口和安装应满足设计要求,需要现场验收明确,以免影响供配电系统的安全性。

9 智能建筑工程

9.1 一般规定

9.1.3 本条在国家标准《建筑节能与可再生能源利用通用规范》GB 55015—2021 第 3.2.25、3.2.26 和 3.3.5 条的基础上发展而来,主要是关于集中供暖系统热量计量及锅炉房、换热机房、制冷机房的计量要求及甲类公共建筑按功能区域设置电能计量的要求,可作为对现行上海市工程建设规范《公共建筑用能监测系统工程技术标准》DGJ 08—2068 的补充。

9.1.4 本条为新增条文,在国家标准《智能建筑工程质量验收规范》GB 50339—2013 第 3.1.3 条的基础上发展而来。

9.2 主控项目

9.2.1 本条在国家标准《建筑节能工程施工质量验收标准》GB 50411—2019 第 13.2.1 条的基础上发展而来,对监测与控制系统的设备和材料的验收要求作了规定,进场验收记录可作为智能建筑系统的验收资料,但对主要设备技术参数要进行核查。

9.2.2 本条为新增条文。

本条所指的测量装置包括水、电、气和冷/热量表等计量装置及各类温度、湿度压力等测量仪表,涉及的主要系统包括能源管理系统及建筑设备监控系统。测量精度是系统功能的最基础的保障,应重点关注。

9.2.3 本条在国家标准《建筑节能与可再生能源利用通用规范》GB 55015—2021 第 3.3.6 条及《绿色建筑评价标准》GB/T

50378—2019 第 6.1.5 条的基础上发展而来。

本条对应于上海市工程建设规范《公共建筑绿色设计标准》DGJ 08—2140—2021 第 10.5.4 条，与《绿色建筑评价标准》DG/TJ 08—2090—2020 中资源节约控制项第 6.1.5 条的要求相关联。

现场检测应包含通风空调监测与控制系统、照明与动力设备监测与控制系统等。

9.2.4 本条为新增条文。

本条在国家标准《建筑节能工程施工质量验收标准》GB 50411—2019 第 13.2.6 条的基础上提出。如建筑节能工程验收资料满足本条验收要求时可采信，不需要重复验收。

9.2.5 本条在 2017 年版标准第 9.3.5 条的基础上发展而来。

本条对应于上海市工程建设规范《公共建筑绿色设计标准》DGJ 08—2140—2021 第 9.5.6 条、《住宅建筑绿色设计标准》DGJ 08—2139—2021 第 9.5.2 条，与《绿色建筑评价标准》DG/TJ 08—2090—2020 中资源节约控制项第 5.1.9 条的要求相关联。

9.2.6 本条在 2017 年版标准第 9.3.6 条、国家标准《建筑节能工程施工质量验收标准》GB 50411—2019 第 13.2.8 条和《建筑节能与可再生能源利用通用规范》GB 55015—2021 第 3.3.8、3.3.9 条的基础上发展而来。

本条对应于上海市工程建设规范《住宅建筑绿色设计标准》DGJ 08—2139—2021 第 10.3.2 条，与《绿色建筑评价标准》DG/TJ 08—2090—2020 中资源节约第 7.2.8 条的要求相关联。

典型功能区包括建筑的走廊、楼梯间、门厅、电梯厅及停车库等公共区域，对于这类区域智能照明系统通常采取分区、分组及调节照度的节能控制措施；此外，对于有天然采光的场所，智能照明系统通常根据采光状况和建筑使用条件采取分区、分组、按照度或按时段调节的节能控制措施。

9.2.7 本条在 2017 年版标准第 9.2.6 条、国家标准《建筑节能

工程施工质量验收标准》GB 50411—2019 第 13.2.8 条的基础上
发展而来。

本条对应于上海市工程建设规范《公共建筑绿色设计标准》
DGJ 08—2140—2021 第 10.5.1～10.5.3、10.5.6 和 9.5.2 条,《住
宅建筑绿色设计标准》DGJ 08—2139—2021 第 10.3.1 条;与《绿色
建筑评价标准》DG/TJ 08—2090—2020 中资源节约第 7.1.4、
6.2.5 条的要求相关联。

9.2.8 本条为新增条文,与国家标准《绿色建筑评价标准》GB/T
50378—2019 第 6.1.6 条相关联。

9.3 一般项目

9.3.1 本条在 2017 年版标准第 9.3.4 条的基础上发展而来。

本条对应于上海市工程建设规范《公共建筑绿色设计标准》
DGJ 08—2140—2021 第 9.5.5 条、《住宅建筑绿色设计标准》DGJ
08—2139—2021 第 10.3.3 条,与《绿色建筑评价标准》DG/TJ
08—2090—2020 中资源节约评分项第 6.2.6 条的要求相关联。

空气质量监测系统的监测参数通常包括 PM_{10}、$PM_{2.5}$ 和
CO_2 浓度等。

9.3.2 本条在 2017 年版标准第 9.3.7 条的基础上发展而来。

本条对应于上海市工程建设规范《公共建筑绿色设计标准》
DGJ 08—2140—2021 第 8.2.3 条、《住宅建筑绿色设计标准》DGJ
08—2139—2021 第 8.2.2 条,与《绿色建筑评价标准》DG/TJ
08—2090—2020 中资源节约评分项第 6.2.7 条的要求相关联。

9.3.3 本条为新增条文。

本条对应于上海市工程建设规范《住宅建筑绿色设计标准》
DGJ 08—2139—2021 第 8.1.4 条。

水质监测系统主要适用于生活饮用水、管道直饮水和非传统
水源等。

9.3.4 本条为新增条文。

本条对应于上海市工程建设规范《公共建筑绿色设计标准》DGJ 08—2140—2021 第 10.5.5 条、《住宅建筑绿色设计标准》DGJ 08—2139—2021 第 10.3.5 条,与《绿色建筑评价标准》DG/TJ 08—2090—2020 中资源节约评分项第 6.2.8 条的要求相关联。

9.3.5 本条为新增条文。

本条在上海市工程建设规范《绿色建筑评价标准》DG/TJ 08—2090—2020 中加分项第 9.2.9 条的基础上结合智慧建筑的发展趋势提出。

运营维护阶段的 BIM 应用通常包括运营维护模型建立、运营维护管理、设备设施运行监控和应急管理等功能,应逐项检查。

10 可再生能源工程

10.1 一般规定

10.1.1 本条为新增条文。

本条与上海市工程建设规范《绿色建筑评价标准》DG/TJ 08—2190—2020 第 7.2.11 条相关联。

本章适用于太阳能热水系统、太阳能光伏系统和地源热泵系统等可再生能源系统工程的验收。太阳能光热系统包括集热设备、贮热设备、循环设备、供水设备、辅助热源、控制系统、管道、阀门、仪表、保温等。

太阳能光伏系统由光伏子系统、功率调节器、电网接入单元、主控和监视系统、配套设备等组成,光伏子系统包括光伏子系统包括光伏组件、光伏组件安装及支撑结构、汇流箱等;功率调节器包括并网逆变器、充电控制器、蓄电池、独立逆变器及配电设备等;电网接入单元包括继电保护、电能计量等设备;主控和监视系统包括数据采集、现场显示系统和远程传输和监控系统等;配套设备包括电缆、线槽、防雷接地装置等。

地源热泵系统分为土壤源热泵系统、地下水源热泵系统和地表水源热泵系统。土壤源热泵系统验收内容包括地源热泵地埋管换热系统钻孔、换热管道及附属设备、阀门、仪表安装及绝热等;地下水源热泵系统内容包括地源热泵地下水换热系统热源井安装、换热盘管等;地表水源热泵系统内容包括地源热泵地表水换热系统换热盘管安装等。

10.1.2 本条为新增条文。

本条与上海市工程建设规范《绿色建筑评价标准》DG/TJ

08—2190—2020 第 7.2.11 条相关联。

可再生能源系统隐蔽工程施工量大,一旦出现质量问题后不易发现和修复。因此,本条规定应随施工进度对其及时进行验收。

太阳能热水系统通常主要隐蔽部位检查内容有:安装基础螺栓和预埋件、基座、支架、集热器四周与主体结构的连接节点的封堵及防水,太阳能热水系统与建筑物避雷系统的防雷连接节点或系统自身的接地装置安装、隐蔽安装的管道保温、阀门及仪表安装等。

太阳能光伏系统通常主要隐蔽部位检查内容有:预埋件或后置螺栓(锚栓)连接件、支/基座、支架与主体结构或主体围护结构之间的连接节点,防水处理工程节点,防雷与接地保护连接节点,隐蔽安装的电气管线工程等。

地源热泵系统通常主要隐蔽部位检查内容有:水平管隐蔽验收记录,地埋管垂直管道工程隐蔽工程验收记录,水系统管道强度严密性记录,换热管道及附属设备、阀门、仪表安装及绝热验收记录,检查井隐蔽工程验收记录等。

10.1.3 本条为新增条文。

本条与上海市工程建设规范《绿色建筑评价标准》DG/TJ 08—2190—2020 第 7.2.11 条相关联。

太阳能热水系统验收的划分原则应符合现行上海市工程建设规范《太阳能热水系统应用技术规程》DG/TJ 08—2004A 的相关规定,具体为:分散式太阳能热水系统按每个单位工程的一个单元为一个检验批;集中式太阳能热水系统每个单位工程为一个检验批;集中分散式太阳能热水系统集中热水部分每个单体工程为一个检验批,分散部分按每个单位工程的一个单位为一个检验批。验收划分也可按照系统形式、换热方式,由施工单位与监理单位(或建设单位)协商确定。

10.1.4 本条为新增条文。

本条与上海市工程建设规范《绿色建筑评价标准》DG/TJ

08—2190—2020 第 7.2.11 条相关联。

太阳能光伏发电系统工程的分项工程划分为：基座工程、支架工程、光伏方阵工程和电气系统工程。光伏系统工程应按照分项工程进行验收，当分项工程较大时，可将分项工程分为若干个检验批进行验收。当光伏系统工程验收无法按照上述要求划分分项工程时，可由建设、监理、施工等各方协商进行划分，但验收项目、验收内容、验收标准和验收记录均应遵守本标准的规定。

10.1.5 本条为新增条文。

本条与上海市工程建设规范《绿色建筑评价标准》DG/TJ 08—2190—2020 第 7.2.11 条相关联。

地源热泵系统包括地埋管、地下水、地表水、海水、污水换热系统。不同的地热能交换形式，应分别进行验收。验收时，分项工程可按现行国家标准《建筑工程施工质量验收统一标准》GB 50300、《制冷设备、空气分离设备安装工程施工及验收规范》GB 50274、《通风与空调工程施工质量验收规范》GB 50243、《建筑节能工程施工质量验收规程》GB 50411、《地源热泵系统工程技术规范》GB 50366 等进行划分，划分时可根据工程量大小划分为一个或若干个检验批进行验收，也可根据施工流程需要，由施工单位与监理（建设）单位共同协商确定。

10.1.6 本条为新增条文。

本条与上海市工程建设规范《绿色建筑评价标准》DG/TJ 08—2190—2020 第 7.2.11 条相关联。

为保证可再生能源节能工程施工全过程的质量控制，应按照设计要求对可再生能源系统中的相关产品进场时的类别、规格及外观等进行逐一核对验收。验收一般应由供货商、监理（建设单位）、施工单位的代表共同参加，并应经监理工程师（建设单位代表）检查认可，形成相应的验收记录。各种产品和设备的质量证明文件和相关技术资料应齐全，并应符合国家和本市现行有关标准的规定。

10.2 主控项目

10.2.1 本条为新增条文。

本条对应于上海市工程建设规范《住宅建筑绿色设计标准》DGJ 08—2139—2021 第 8.3.3 和 10.2.3 条以及《公共建筑绿色设计标准》DGJ 08—2143—2021 第 6.1.8 条,与《绿色建筑评价标准》DG/TJ 08—2190—2020 第 7.2.11 条相关联。

可再生能源系统工程的施工应严格按照设计要求进行,应与建筑主体结构统一设计、统一施工。

安装过程中,太阳能热水系统基座应与建筑主体结构连接牢固,且不得破坏屋面防水层与保温层。集热器应与建筑主体结构或集热器支架连接牢固,采用的预埋件应与结构层钢筋相连,集热器安装前应做好防腐处理,并应与地脚螺栓周围做好密封处理,预埋件与基座之间的空隙应用细石混凝土填捣密实。在屋面防水层上放置集热器时,屋面防水层应包到基座上部,并在基座下部加设防水层。支架应与建筑物接地系统可靠连接,支架的制作与安装应满足抗风和刚度要求,钢结构支架焊接完毕应进行防腐处理。太阳能热水系统管道需穿过屋面时,应在屋面预埋防水钢套管,并对其与屋面相接处进行防水密封处理。系统水泵周围应有检修空间,并设置接地保护,安装在室外的水泵应采取防雨、防冻等措施。电磁阀应水平安装,阀前应设细网过滤器,阀后应设置调压作用明显的截止阀,并安装旁路装置。实际安装过程中,容易出现水泵、电磁阀及过滤器安装方向不正确现象,应加以重视。室外管道保温层外应加设保护层。所有电气设备及其连接金属部件应进行接地处理,传感器接线应牢固可靠、接触良好,两端应做防水处理。

太阳能光伏系统支架的基座应摆放平稳、整齐,且不得破坏屋面防水层,支架与建筑连接部件的安装施工不应降低建筑的防水性能,连接部件施工损坏的建筑防水层应进行修复或采取新的防水处理措施。支架应安装在基座上,位置准确、连接可靠。采用现浇混凝土基座时,应在混凝土强度达到设计强度的70%以上后安装支架,支架安装过程中不应破坏防腐涂层,不应气割扩孔,现场焊接时焊接表面应进行防腐处理。组件安装后应检查背面散热空间,得有杂物填塞。电缆线路、防雷、接地应符合设计要求,汇流箱进出线端与接地端应进行绝缘测试,箱内元器件应完好,连接线无松动。逆变器应安装在清洁、通风、干燥、无直晒的地方,不应安装在高温发热、易燃易爆物品及腐蚀性化学物品附近,安装位置应能确保逆变器不晃动,逆变器柜体应接地,且接地装置安装合理。

地源热泵冷热源系统的管道、管件材质及规格等应符合设计要求,设备安装位置、标高符合设计要求,水泵、换热器、稳压设备、水箱等的规格、型号、技术参数应符合设计要求,阀门的规格、型号、材质及其安装位置、高度、进出口方向等应符合设计要求,连接应牢固紧密、平整。管道绝热应采用不燃或难燃材料,其材质、密度、规格、厚度与施工安装应符合设计要求。

10.2.2 本条为新增条文。

本条与上海市工程建设规范《绿色建筑评价标准》DG/TJ 08—2190—2020 第 7.3.6 和 8.3.2 条相关联。

在建筑设计阶段,设计师已根据项目的绿色建筑星级定位确定了可再生能源的应用方式与利用比例,并在此基础上进行了系统的深化设计,明确了满足项目定位要求的可再生能源系统相关构成与设计要求。进场复验应至少包含太阳能热水系统的集热器热性能、贮热水箱热损,以及光伏组件的光电转换效率。在项目验收阶段,如果项目施工过程完全按照设计图纸要求进行落实,则认为满足了设计要求,达到了项目的预期目标。因此,项目验收过程中应重点关注相关技术措施的落地情况及相关技术指标的实现程度。

10.2.3 本条为新增条文。

在工程验收中应对可再生能源的安全、防护、隔声、降噪等措施进行专项验收，并应符合设计要求。其中，太阳能热水系统集热设备、组件、支架、基座应与建筑主体结构连接牢固，支架应采取抗风、抗震、防雷、防腐措施，不得破坏建筑防水层与保温层，并应与建筑物接地系统可靠连接。系统采用的防爆、防冻、防雷、防漏电、防干烧等保护措施应符合设计要求。太阳能光伏系统的绝缘阻值、触电保护和接地、防孤岛、防雷、防火、防漏电等功能应符合设计要求。地源热泵机组抗震、降噪、隔声等措施应符合设计要求。

10.2.4 本条为新增条文。

根据相关标准要求，可再生能源系统应进行独立的用能计量，能源计量系统应包括用能计量和产能计量，能源计量系统的计量方式、计量位置、传感器精度及计量数据上传间隔等应满足设计要求。采用地源热泵系统时，应在每栋建筑的冷热源入口处设置冷热量计量装置，各空调使用用户应设置分户热（冷）量计量表。

为便于后期的运行分析与优化，太阳能热水系统的监测参数宜包括室外温度、辅助热源耗能量、集热系统进出水水温、集热系统循环水流量、太阳总辐射量等。太阳能光伏系统监测参数宜包括室外温度、太阳总辐射量、光伏组件背板表面温度、发电量。地源热泵系统监测参数宜包括室外温度、典型房间室内温度、系统热源侧与用户侧进出水温度和流量、机组热源侧与用户侧进出水温度和流量、热泵系统耗电量。

10.3 一般项目

10.3.1 本条为新增条文。

本条主要对太阳能热水系统水箱的水质保障措施提出了

要求。

10.3.2 本条为新增条文。

本条主要对影响可再生能源系统工程运行性能的相关措施进行了要求。

10.3.3 本条为新增条文。

标识系统的正确应用有利于系统后期运行的安全性与可靠性,也便于维护与更换,因此本条提出了要求。

11 室内环境工程

11.1 一般规定

11.1.1 本条在 2017 年版标准第 5.1.1 条的基础上发展而来。

本条主要针对绿色建筑健康舒适相关技术措施是否落实进行验收。室内环境工程的验收应包括室内声环境、光环境、热环境、空气质量等相关性能指标。

11.1.2 本条为新增条文。

本条主要针对建筑室内环境工程的验收方法进行规定。室内环境工程的验收方法应以现场检验及核查第三方检测报告为主要验收方法。项目验收前应委托具备相关资质的第三方检测单位进行现场测试,并出具检测报告。

11.1.3 本条为新增条文。

本条主要针对建筑室内环境工程现场测试依据的相关标准进行规定。绿色建筑对建筑室内环境品质提出了更高的要求,建筑室内环境工程除应满足功能需求外,应为建筑使用者提供达标的建筑环境。

11.1.4 本条为新增条文。

本条主要针对建筑室内环境工程现场测试的抽样数量进行规定。

11.2 主控项目

11.2.1 本条在 2017 年版标准第 5.2.2 条的基础上发展而来。

本条对应于上海市工程建设规范《公共建筑绿色设计标准》

DGJ 08—2143—2021 第 6.2.1 条、《住宅建筑绿色设计标准》DGJ 08—2136—2021 第 8.1.2 条,与《绿色建筑评价标准》DG/TJ 08—2090—2020 中基本规定的表 3.2.7,以及控制项第 5.1.4 条和评分项第 5.2.7 条相关联。

现行国家标准《民用建筑隔声设计规范》GB 50118 中对各类建筑构件及相邻房间的隔声性能提出了明确要求。施工过程中应严格按照围护结构构造图纸及说明进行施工,并做好隐蔽工程施工及验收记录。最终验收以现场隔声性能测试报告为依据,并根据现行国家标准《民用建筑隔声设计规范》GB 50118 中的要求判定其是否达标。

外围护结构构件空气声隔声性能的评价量采用计权隔声量与交通噪声频谱修正量之和($R_w + C_{tr}$),建筑内部围护结构构件空气声隔声性能的评价量采用计权隔声量与粉红噪声频谱修正量之和($R_w + C$),其指标是构件的实验室测量值,在隔声设计时供选材使用。计权标准化声压级差与交通噪声频谱修正量之和($D_{nT,w} + C_{tr}$),计权标准化声压级差与粉红噪声频谱修正量之和($D_{nT,w} + C$),其指标值是现场测量值,是建成后实际要达到的值,测量方法参考现行国家标准《声学　建筑和建筑构件隔声测量 第 4 部分:房间之间空气声隔声的现场测量》GB/T 19889.4、《声学　建筑和建筑构件隔声测量　第 5 部分:外墙构件和外墙空气声隔声的现场测量》GB/T 19889.5、《声学　建筑和建筑构件隔声测量　第 7 部分:楼板撞击声隔声的现场测量》GB/T 19889.7、《声学　建筑和建筑构件隔声测量　第 14 部分:特殊现场测量导则》GB/T 19889.14、《建筑隔声评价标准》GB/T 50121 的有关规定。

11.2.2 本条在 2017 年版标准第 5.2.3 条的基础上发展而来。

本条对应于上海市工程建设规范《公共建筑绿色设计标准》DGJ 08—2143—2021 第 6.2.1 条、《住宅建筑绿色设计标准》DGJ 08—2136—2021 第 8.1.2 条,与《绿色建筑评价标准》DG/TJ 08—2090—2020 中基本规定的表 3.2.7,以及控制项第 5.1.4 条和评分项第 5.2.7 条相关联。

现行国家标准《民用建筑隔声设计规范》GB 50118 中对住宅建筑、办公建筑、旅馆建筑、商业建筑、学校建筑等建筑类型的主要功能房间室内允许噪声级进行了详细规定。验收时以现场背景噪声测试报告作为依据,并根据现行国家标准《民用建筑隔声设计规范》GB 50118 的要求判定其是否达标。

室内噪声级现场测试的原则与方法应满足现行国家标准《民用建筑隔声设计规范》GB 50118 中附录 A 的相关规定。

11.2.3 本条为新增条文。

本条与上海市工程建设规范《绿色建筑评价标准》DG/TJ 08—2090—2020 控制项第 5.1.5 条相关联。

各类民用建筑中的室内照度、眩光值、一般显色指数等指标应符合现行国家标准《建筑照明设计标准》GB 50034 的规定,其中公共建筑包括图书馆、办公楼、商店、观演、旅馆、医疗、教育、博览、会展、交通、金融、体育等建筑。在进行评价时,照明产品的颜色参数应符合标准对于光源颜色的规定;现场的照度、照度均匀度、显色指数、眩光等指标应符合上述标准第 5 章的规定。光环境较高的场所,其照度水平、统一眩光值和照明光源颜色特性还应符合现行国家标准《建筑环境通用规范》GB 55016 的规定。

其中,照明质量现场测试的原则与方法应符合现行国家标准《绿色照明检测及评价标准》GB/T 51268、《照明测量方法》GB/T 5700、《建筑照明设计标准》GB 50034 的相关规定。

11.2.4 本条在 2017 年版标准第 5.2.8 条的基础上发展而来。

本条与上海市工程建设规范《绿色建筑评价标准》DG/TJ 08—2090—2020 控制项第 5.1.6 条和评分项第 5.2.9 条相关联。

通风以及房间的温度、湿度、新风量是室内热环境的重要指标,应符合现行国家标准《民用建筑供暖通风与空气调节设计规范》GB 50736 的相关规定。

温度、湿度、新风量现场测试的原则与方法应符合现行国家标准《通风与空调工程施工质量验收规范》GB 50243 的相关规定。

11.2.5 本条在 2017 年版标准第 5.2.4 条的基础上发展而来。

本条与上海市工程建设规范《绿色建筑评价标准》DG/TJ 08—2090—2020 表 3.2.7、控制项第 5.1.1 条和评分项第 5.2.1 条相关联。

本条对应于上海市工程建设规范《绿色建筑评价标准》DG/TJ 08—2090—2020 表 3.2.7 中一星级、二星级、三星级绿色建筑技术要求中对于室内污染物浓度的要求,以及健康舒适部分的控制项第 5.1.1 条和得分项第 5.2.1 条要求。

控制室内环境质量是绿色建筑的主要内容之一,根据国家标准《民用建筑工程室内环境污染控制规范》GB 50325—2020 第 6.0.4 条规定,民用建筑工程验收时必须进行室内环境污染物浓度检测,并对氡、甲醛、氨、苯、甲苯、二甲苯和总挥发性有机物等七类物质污染物的浓度限量进行了规定。为控制施工完成后的室内污染物浓度,施工过程中应严格控制建筑装饰装修材料的环保性能。验收以建筑室内空气污染物浓度测试报告为依据,并根据国家标准《民用建筑工程室内环境污染控制规范》GB 50325—2020 表 6.0.4 和设计文件的相关要求判定其是否达标。

民用建筑工程根据控制室内环境污染的不同要求,划分为以下两类:

1 Ⅰ类民用建筑工程:住宅、医院、老年建筑、幼儿园、学校教室等民用建筑工程。

2 Ⅱ类民用建筑工程:办公楼、商店、旅馆、文化娱乐场所、书店、图书馆、展览馆、体育馆、公共交通候车室、餐厅、理发店等民用建筑工程。其中,室内空气污染物现场测试的原则与方法应符合现行国家标准《民用建筑工程室内环境污染控制规范》GB 50325 的相关规定。

11.3 一般项目

11.3.1 本条为新增条文。

本条对应于上海市工程建设规范《公共建筑绿色设计标准》DGJ 08—2143—2021 第 6.2.3 条。

本条验收的建筑对象包括文化建筑、体育建筑、广电建筑、会议建筑、影院建筑等。其中,文化建筑中有声学要求的空间一般包括观众厅、舞台空间、声控室、阅览室等;体育建筑中有声学要求的空间一般包括比赛大厅、训练馆、声控室、评论员室、新闻发布厅等;广电建筑中有声学要求的空间一般包括录音棚、播音室、演播厅、音响控制室等;会议建筑中有声学要求的空间一般包括放映大厅、控制室等;影院建筑中有声学要求的空间一般包括会议厅(室)、音响控制室等。

专项声学设计应根据不同建筑的类型与用途,采取相应的技术措施来控制混响时间、降低噪声、提高语言清晰度和消除音质缺陷。

竣工验收阶段可对声学设计进行现场检测,包括建筑声学指标(如混响时间、背景噪声等)或扩声系统指标(如最大声压级、传声频率特性、传声增益、声场不均匀度、语言清晰度等),对应的检测标准可参考现行国家标准《声学 室内声学参量测量 第 1 部分:观演空间》GB/T 36075.1、《声学 室内声学参量测量 第 2 部分:普通房间混响时间》GB/T 36075.2、《声学 室内声学参量测量 第 3 部分:开放式办公室》GB/T 36075.3、《厅堂扩声特性测量方法》GB/T 4959、《室内混响时间测量规范》GB/T 50076 等。

11.3.2 本条在 2017 年版标准第 5.3.4 条的基础上发展而来。

本条对应于上海市工程建设规范《住宅建筑绿色设计标准》DGJ 08—2136—2021 第 6.2.2 条,仅对居住建筑验收提出要求。

建筑主要功能房间具有良好的户外视野有助于居住者或使用者心情舒畅,提高效率。对于居住建筑,验收以建筑间距为达标判定依据,其与相邻建筑的直接间距不低于 18 m 即认为达标。当两栋建筑相对的外墙间距不足 18 m,但至少一面外墙上无窗户时,也可认为没有视线干扰。

11.3.3 本条在 2017 年版标准第 5.3.6 条的基础上发展而来。

本条对应于上海市工程建设规范《公共建筑绿色设计标准》DGJ 08—2143—2021 第 6.2.5 条、《住宅建筑绿色设计标准》DGJ 08—2136—2021 第 6.2.1 条,与《绿色建筑评价标准》DG/TJ 08—2090—2020 评分项第 5.2.8 条相关联。

天然采光不仅有利于照明节能,而且有利于增加室内外的自然信息交流,改善空间卫生环境,调节空间使用者的心情。建筑的地下空间和大进深的地上室内空间,容易出现天然采光不足的情况,通过反光板、棱镜玻璃窗、天窗、下沉庭院等设计手法或采用导光管技术,可有效改善这些空间的天然采光效果。不同空间的采光等级和采光系数应符合现行国家标准《建筑环境通用规范》GB 55016 的要求。

对于居住建筑,验收应以窗地比为达标判定依据。住宅建筑的起居室和卧室的窗地比应符合设计要求,查阅建筑设计文件以及窗地比计算书,现场核实外窗选型和数量。

对于公共建筑,验收应以采光系数为达标判定依据,根据建筑不同使用功能要求进行采光测量。测量项目包括采光系数、采光均匀度、反射比等,从而保证安全、舒适、健康的室内光环境。采光测量可按照现行国家标准《采光测量标准》GB/T 5699 执行。

11.3.4 本条在 2017 年版标准第 5.3.6 条的基础上发展而来。

本条与上海市工程建设规范《绿色建筑评价标准》DG/TJ 08—2090—2020 评分项第 5.2.8 条相关联。

对于建筑主要功能房间,建筑装饰装修阶段应采用有效措施控制其眩光指数值(DGI),验收时则重点核查措施是否落实到位。

眩光现场测试的原则与方法应符合现行国家标准《采光测量标准》GB/T 5699 的相关规定。

11.3.5 本条在 2017 年版标准第 5.3.1 条的基础上发展而来。

本条对应于上海市工程建设规范《公共建筑绿色设计标准》DGJ 08—2143—2021 第 6.2.7 条、《住宅建筑绿色设计标准》DGJ 08—2136—2021 第 6.2.1 条,与《绿色建筑评价标准》DG/TJ 08—2090—2020 控制项第 5.2.10 条相关联。

对于居住建筑,主要对自然通风开口面积与房间地板面积的比例进行验收。住宅建筑自然通风开口面积与房间地板面积的比例应符合设计要求,查阅建筑设计文件以及通风开口面积比例,现场核实外窗选型和数量。

对于公共建筑,主要对室内自然通风效果进行验收,主要功能空间自然通风换气次数不小于 2 次/h 的面积比例应符合设计要求。针对不容易实现自然通风的公共建筑,适宜的自然通风优化设计或创新设计,如风墙、拔风井、拔风中庭等的设计,可以保证建筑在过渡季典型工况下平均自然通风换气次数大于 2 次/h。

自然通风换气次数现场测试的原则和方法应符合现行行业标准《建筑通风效果测试与评价标准》JGJ/T 309 的相关规定。

12 室外总体工程

12.1 一般规定

12.1.1 本条在 2017 年版标准第 12.1.1 条的基础上发展而来。

本条规定了室外总体工程的分项验收内容。交通设施验收主要指工程施工范围内的停车场、停车设施等相关内容,不包括公共汽车站、轨道交通站点。公共服务设施也不包括基地范围外的学校、商业、社区服务设施等非验收工程所属的施工内容。

12.1.2 本条在 2017 年版标准第 4.1.2 条的基础上发展而来。

本条对应于上海市工程建设规范《住宅建筑绿色设计标准》DGJ 08—2139—2021 第 5.1.1 和 5.3.2 条、《公共建筑绿色设计标准》DGJ 08—2143—2021 第 5.1.1 和 5.3.3 条,与《绿色建筑评价标准》DG/TJ 08—2090—2020 评分项第 7.2.3 条相关联。

根据《上海市工程建设项目规划资源审批制度改革工作方案》(沪规划资源建〔2020〕17 号)、现行上海市工程建设规范《建筑工程"多测合一"技术标准》DG/TJ 08—2439 等相关要求,建筑用地面积、建筑总面积、绿地面积等技术经济指标按照《上海市工程建设项目竣工规划资源验收管理规定(试行)》(沪规划资源规〔2020〕1 号)的规定进行验收。

12.1.3 本条在 2017 年版标准第 4.2.1 条的基础上发展而来。

本条对应于上海市工程建设规范《住宅建筑绿色设计标准》DGJ 08—2139—2021 第 5.1.4 条、《公共建筑绿色设计标准》DGJ 08—2143—2021 第 5.1.3 条,与《绿色建筑评价标准》DG/TJ 08—2090—2020 控制项第 8.1.1 条相关联。

本条对应绿色建筑评价标准的控制项,必须达标。单体建筑布置、建筑间距尺寸等以通过规划验收为准,但应关注施工过程中有否住宅建筑单体布置的设计变更,凡施工期间涉及住宅建筑间距变更的情况,应按照变更后的建筑布置情况及建筑间距重新进行日照分析。本条验收时还应核实相邻的建筑类型,对于幼托、学校、养老院等日照敏感建筑,不应受到被验收基地建筑的日照影响。

12.1.4 本条在 2017 年版标准第 4.2.1 条的基础上发展而来。

本条对应于上海市工程建设规范《住宅建筑绿色设计标准》DGJ 08—2139—2021 第 5.1.2 条、《公共建筑绿色设计标准》DGJ 08—2143—2021 第 5.1.2 条,与《绿色建筑评价标准》DG/TJ 08—2090—2020 控制项第 4.1.1、8.1.6 和 8.1.7 条相关联。

本条对应绿色建筑评价标准的控制项,必须达标。建设项目的水、噪声、固体废物污染防治设施应满足报批环境影响评价文件要求,并按照《建设项目竣工环境保护验收暂行办法》(国环规环评〔2017〕4 号)进行验收。

12.1.5 本条为新增条文。

材料、构件和设备质量是保证绿色建筑工程质量的前提,室外总体工程的验收应符合国家和地方现行相关标准的要求。园林绿化工程验收应符合现行上海市工程建设规范《园林绿化工程施工质量验收规范》DG/TJ 08—701 的规定;给排水工程验收应按照现行国家标准《建筑给排水及采暖工程施工质量验收规范》GB 50242 执行;电气工程验收应按照现行国家标准《建筑电气工程施工质量验收规范》GB 50303 执行;无障碍设施施工质量验收应按照现行国家标准《无障碍设施施工验收及维护规范》GB 50642 执行。

12.1.6 本条为新增条文。

本条明确了室外总体工程检验批划分的原则,以全数检查为主,对于全数检查工作量大的子分项工程划分检验批。

12.2 主控项目

12.2.1 本条在 2017 年版标准第 4.2.3 和 4.2.5 条的基础上发展而来。

本条对应于上海市工程建设规范《住宅建筑绿色设计标准》DGJ 08—2139—2021 第 5.1.3 条,与《绿色建筑评价标准》DG/TJ 08—2090—2020 控制项第 8.1.6 条相关联。

本条对应绿色建筑评价标准的控制项,必须达标。厨房油烟、含油废水和机动车废气为建设场地主要污染源。厨房油烟井道位置、井道排放口方向和高度应与设计图纸一致,排放口不可朝向住宅窗口。当机动车库出地面进、排风井设在绿化中时,其风口底口距离地面高度可位于 1.0 m 以下;当设在道路(包括景观小路)一侧或场地中时,其风口底口距离地面高度不应小于 2.5 m。

12.2.2 本条在 2017 年版标准第 4.2.4 条的基础上发展而来。

本条对应于上海市工程建设规范《住宅建筑绿色设计标准》DGJ 08—2139—2021 第 5.2.6 条、《公共建筑绿色设计标准》DGJ 08—2143—2021 第 5.2.5 条,与《绿色建筑评价标准》DG/TJ 08—2090—2020 控制项第 8.1.7 条相关联。

本条对应绿色建筑评价标准的控制项,必须达标。绿色建筑项目中应贯彻落实《上海市生活垃圾管理条例》设置可回收物、有害垃圾、湿垃圾和干垃圾的分类容器。垃圾间位置及储藏面积应符合设计要求,不应随意减少垃圾储存面积或数量。在验收时,需核实垃圾间应有上、下水设施,室内地面、墙面应有瓷砖贴面或其他易于清洁的材料饰面。

12.2.3 本条在 2017 年版标准第 4.3.4 条的基础上发展而来。

本条对应于上海市工程建设规范《住宅建筑绿色设计标准》DGJ 08—2139—2021 第 5.3.2 条、《公共建筑绿色设计标准》DGJ

08—2143—2021 第5.3.3条,与《绿色建筑评价标准》DG/TJ 08—2090—2020 控制项第6.1.4条相关联。

本条对应绿色建筑评价标准控制项要求,必须达标。场地内各主要游憩场所、建筑出入口、服务设施及城市道路之间应形成连贯的无障碍步行路线。同时建筑的道路、绿地、停车位、出入口等建筑室外公共区域均应方便老年人、行动不便者及儿童等人群的通行和使用,应按照现行国家标准《无障碍设计规范》GB 50763和《建筑与市政工程无障碍通用规范》GB 55019的规定配置无障碍设施。

12.2.4 本条为新增条文。

本条与上海市工程建设规范《绿色建筑评价标准》DG/TJ 08—2090—2020 控制项第4.1.1和8.1.5条相关联。

本条对应绿色建筑评价标准控制项要求,必须达标。根据现行国家标准《安全标识及其使用导则》GB 2894,可依据建筑用途按需设置禁止标识、警告标识、指令标识和提示标识。安全警示标志能够起到提醒建筑使用者注意安全的作用,警示标志一般设置于人员流动大的场所,青少年和儿童经常活动的场所,容易碰撞、夹伤、湿滑及危险的部位和场所等。比如禁止攀爬、禁止倚靠、禁止伸出窗外、禁止抛物、注意安全、当心碰头、当心夹手、当心车辆、当心坠落、当心滑倒、当心落水等。

现行国家标准《公共建筑标识系统技术规范》GB/T 51223—2017 第2.0.3条规定"标识"是"在公共建筑空间环境中,通过视觉、听觉、触觉或其他感知方式向使用者提供导向与识别功能的信息载体",第2.0.4条规定"公共建筑标识系统"是"服务于公共建筑的全部标识总称"。标识系统包括导向标识系统和非导向标识系统。导向标识系统由通行导向标识系统、服务导向标识系统和应急导向标识系统等构成。无障碍标识系统属于导向标识系统。

12.2.5 本条为新增条文。

本条对应于上海市工程建设规范《住宅建筑绿色设计标准》

DGJ 08—2139—2021 第 5.4.5 条、《公共建筑绿色设计标准》DGJ 08—2143—2021 第 5.4.5 和 5.5.1 条,与《绿色建筑评价标准》DG/TJ 08—2090—2020 控制项第 8.1.2 条和评分项第 8.2.11 条相关联。

参照现行行业标准《城市居住区热环境设计标准》JGJ 286 对居住区的热环境设计要求,考虑场地内热环境的舒适度,采取有效措施改善场地环境,降低热岛强度。当项目场地布置情况不符合上述标准的规定性设计要求时,应进行室外热环境模拟计算并进行合理优化,使场地室外平均热岛强度不大于 1.5℃。验收时,需现场核实遮阳覆盖情况和相关热环境计算报告。

12.2.6 本条为新增条文。

本条与上海市工程建设规范《绿色建筑评价标准》DG/TJ 08—2090—2020 控制项第 6.1.4 条和评分项第 6.2.3 条第 8 款相关联。

根据 2021 年《上海市非机动车安全管理条例》,新建、改建、扩建住宅小区,应当按照有关标准,规划和配套建设非机动车集中停放场所及充电设施;禁止电动自行车在建筑物首层门厅、共用走道、楼梯间、楼道等共用部位,以及疏散通道、安全出口、消防车通道及其两侧影响通行的区域、人员密集场所的室内区域停放、充电。

12.2.7 本条为新增条文。

本条对应于上海市工程建设规范《住宅建筑绿色设计标准》DGJ 08—2139—2021 第 5.5.10 条、《公共建筑绿色设计标准》DGJ 08—2143—2021 第 5.5.9 条,与《绿色建筑评价标准》DG/TJ 08—2090—2020 控制项第 8.1.4 条、评分项第 8.2.5～8.2.7 条相关联。

本条要求以所在地上位城市总体规划和海绵城市规划为主要依据,与城镇排水防涝、河道水系、道路交通、城市绿地和环境保护等专项规划和设计相协调,综合运用滞、蓄、净、排、渗、用等多种措施,充分利用场地空间设置绿色雨水设施或灰色雨水设施,以绿为主,绿灰结合,有效落实上位规划中的海绵城市控制指标。

12.3 一般项目

12.3.1 本条为新增条文。

本条与上海市工程建设规范《绿色建筑评价标准》DG/TJ 08—2090—2020 评分项第4.2.2条第3款相关联。

为防止外墙饰面、外墙粉刷及保温层、幕墙等掉落伤人事故的发生,推荐利用绿化景观或者地形形成可降低坠物风险的缓冲区、隔离带。考虑到工程验收存在绿色建筑群项目的情况,规定检验数量按楼栋总数不少于10%抽查且不应少于1栋。

12.3.2 本条为新增条文。

本条对应于上海市工程建设规范《住宅建筑绿色设计标准》DGJ 08—2139—2021 第6.5.4条、《公共建筑绿色设计标准》DGJ 08—2143—2021 第6.5.5条,与《绿色建筑评价标准》DG/TJ 08—2090—2020 评分项第4.2.4条相关联。

防滑地面对于保证人员安全至关重要,尤其是幼儿园、医院、疗养院及养老建筑,按照现行行业标准《建筑地面工程防滑技术规程》JGJ/T 331 的规定,A_w、B_w、C_w、D_w 分别表示潮湿地面防滑安全程度为高级、中高级、中级、低级,A_d、B_d、C_d、D_d 分别表示干态地面防滑安全程度为高级、中高级、中级、低级。工程验收时,通过核查产品合格证和地面防滑性能检测报告等质量证明文件,核实防滑材料类型、规格和等级等影响防滑性能重要参数是否符合设计要求。

12.3.3 本条为新增条文。

本条对应于上海市工程建设规范《公共建筑绿色设计标准》DGJ 08—2143—2021 第5.5.10条,与《绿色建筑评价标准》

DG/TJ 08—2090—2020 评分项第 8.2.3 条相关联。

《国务院关于实施健康中国行动的意见》(国发〔2019〕13 号)提出"鼓励领导干部、医务人员和教师发挥控烟引领作用",因此,幼儿园、中小学等的场地内不得设置室外吸烟区,并应设置禁烟标识。场地范围内严格禁烟的其他项目,本条应提供相应证明材料。

室外吸烟区布置在建筑主出入口的主导风的下风向,与所有建筑出入口、新风进气口和可开启窗扇的距离不少于 8 m,且距离儿童和老人活动场地不少于 8 m。室外吸烟区的导向标识、警示标识的最远距离与标识本体的尺寸应符合现行国家标准《公共建筑标识系统技术规范》GB/T 51223、《公共信息导向系统导向要素的设计原则与要求 第 1 部分:总则》GB/T 20501.1 和《公共信息导向系统导向要素的设计原则与要求 第 2 部分:位置标志》GB/T 20501.2 的规定。

12.3.4 本条为新增条文。

本条与上海市工程建设规范《绿色建筑评价标准》DG/TJ 08—2090—2020 评分项第 4.2.5 条第 1 款相关联。

12.3.5 本条为新增条文。

本条对应于上海市工程建设规范《住宅建筑绿色设计标准》DGJ 08—2139—2021 第 5.3.1 条、《公共建筑绿色设计标准》DGJ 08—2143—2021 第 5.3.1 条,与《绿色建筑评价标准》DG/TJ 08—2090—2020 评分项第 6.2.1 条和第 6.2.4 条第 4 款、第 5 款相关联。

绿色建筑评价标准考核场地出入口到达公交站点和运动空间的步行距离,本标准考虑公交站点和运动空间不一定在工程基地范围内,简化验收方法,仅验收场地人行出入口与设计的一致性。

12.3.6 本条为新增条文。

本条对应于上海市工程建设规范《住宅建筑绿色设计标准》

DGJ 08—2139—2021 第 5.2.4 条、《公共建筑绿色设计标准》DGJ 08—2143—2021 第 5.3.1 条,与《绿色建筑评价标准》DG/TJ 08—2090—2020 评分项第 6.2.3 条相关联。

考虑验收的可操作性,仅对服务本工程且位于本工程基地范围内的公共服务配套进行验收,服务本项目但位于本工程基地范围外的公共服务配套不作要求。

12.3.7 本条为新增条文。

本条与上海市工程建设规范《绿色建筑评价标准》DG/TJ 08—2090—2020 评分项第 6.2.4 条第 1 款和第 3 款相关联。

本条验收范围为室外运动场地,室内运动场地的验收参考本标准第 5 章建筑与装饰装修工程相关要求。

羽毛球场地、篮球场地、乒乓球室、瑜伽练习室、游泳馆、跳操室、广场舞场地、武术场地等球类运动和集体运动场地也可算作运动场地,但不含健身步道、跑道、自行车道、轮滑和滑板道等。

健身慢行道是指在公共场合设置的供人行走、慢跑的专门道路。根据建设部以及国土资源部联合发布的《城市社区体育设施建设用地指标》的要求,健身慢行道应尽可能避免与场地内车行道交叉,步道宜采用弹性减振、防滑和环保的材料,如塑胶、彩色陶粒等,步道宽度不小于 1.25 m。如果附近的其他建筑场地、广场、公园设有健身步道,其步道最近位置距离项目场地出入口不大于 1 km,可算入绿色建筑评价要求的健身步道,但本条只验收本工程红线范围内的运动场地。其他附近建筑场地、广场和公园设有的符合要求的健身步道,本条只核查场地出入口位置是否与设计一致。

12.3.8 本条在 2017 年版标准第 4.3.3 条的第 1 款的基础上发展而来。

本条与上海市工程建设规范《绿色建筑评价标准》DG/TJ 08—2090—2020 评分项第 8.2.8 条相关联。

场地环境噪声检测方法应符合现行国家标准《声环境质量标

准》GB 3098 的相关规定。

12.3.9 本条在 2017 年版标准第 4.3.1 条的基础上发展而来。

本条对应于上海市工程建设规范《公共建筑绿色设计标准》DGJ 08—2143—2021 第 5.4.1 条，与《绿色建筑评价标准》DG/TJ 08—2090—2020 评分项第 8.2.7 条相关联。

玻璃可见光反射比现场检测可按照现行国家标准《建筑用节能玻璃光学及热工参数现场测量技术条件与计算方法》GB/T 36261 执行。

12.3.10 本条为新增条文。

本条于上海市工程建设规范《绿色建筑评价标准》DG/TJ 08—2090—2020 评分项第 8.2.9 条第 3 款相关联。

参照上海市工程建设规范《建筑节能工程施工质量验收规程》DGJ 08—113—2017 第 8.3.2 条"热反射屋面的反射比应符合设计要求,色泽均匀一致,没有污迹,无积水现象"制定。

12.3.11 本条在 2017 年版标准第 4.3.9 和 4.3.11 条的基础上发展而来。

本条对应于上海市工程建设规范《住宅建筑绿色设计标准》第 5.5.1 和 5.5.2 条、《公共建筑绿色设计标准》第 5.5.1 和 5.5.2 条,与《绿色建筑评价标准》DG/TJ 08—2090—2020 评分项第 8.2.2 条相关联。

有关绿地率、人均集中绿地面积、屋顶绿地面积的相关指标在现行上海市工程建设规范《建筑工程"多测合一"技术标准》DG/TJ 08—2439 中有专门的绿地面积测量要求,本标准不再重复验收,其技术指标参数验收结果以绿地面积测绘成果为准。

12.3.12 本条在 2017 年版标准第 4.3.6 条和 4.3.10 条的基础上发展而来。

本条对应于上海市工程建设规范《住宅建筑绿色设计标准》第 5.5.3 条、《公共建筑绿色设计标准》DGJ 08—2143—2021 第 5.4.10 条第 3 款,与《绿色建筑评价标准》DG/TJ 08—2090—

2020 评分项第 8.2.7 条相关联。

"硬质铺装地面"指场地中停车场、道路和室外活动场地等，不包括建筑占地(屋面)、绿地、水面等。"透水铺装"指既能满足路用及铺地强度和耐久性要求，又能使雨水通过本身与铺装下基层相通的渗水路径直接渗入下部土壤的地面铺装系统，包括采用透水铺装方式或使用植草砖、透水沥青、透水混凝土、透水地砖等透水铺装材料。当透水铺装下为地下室顶板时，若地下室顶板设有疏水板及导水管等可将渗透雨水导入与地下室顶板接壤的实土，或地下室顶板上覆土深度能满足当地园林绿化部门要求时仍可认定其为透水铺装地面，但覆土深度不得小于 600 mm。

12.3.13 本条为新增条文。

本条对应于上海市工程建设规范《公共建筑绿色设计标准》DGJ 08—2143—2021 第 5.5.1 条第 2 款,与《绿色建筑评价标准》DG/TJ 08—2090—2020 评分项第 8.2.1 条相关联。